花海话油菜

孟金陵 著

中国农业出版社
北京

图书在版编目（CIP）数据

花海话油菜/孟金陵著．—北京：中国农业出版社，2019.8
ISBN 978-7-109-25632-3

Ⅰ．①花…　Ⅱ．①孟…　Ⅲ．①油菜-基本知识　Ⅳ．①S634.3

中国版本图书馆CIP数据核字（2019）第125623号

中国农业出版社出版

地址：北京市朝阳区麦子店街18号楼
邮编：100125
责任编辑：郭银巧　　文字编辑：李　莉
版式设计：杨　婧　　责任校对：沙凯霖　　插图与封面设计：肖紫萁
印刷：中农印务有限公司
版次：2019年8月第1版
印次：2019年8月北京第1次印刷
发行：新华书店北京发行所
开本：880mm×1230mm　1/32
印张：2.5
字数：70千字
定价：21.80元

序

    在科学技术迅猛发展的时代，中央领导提出"科学是第一生产力""创新驱动发展"的论断，加速了中国科技的发展。科学技术的发展，一方面是创新、研究、应用，另一方面就是要科学普及，让群众认识、了解、支持，两者结合，才能更好地推进科技的发展。

    著作者长期从事油菜研究，编写的科普读物《花海话油菜》，自然有他的特色。本书将油菜起源、进化、遗传、改良、生产技术、发展前景、新的研究方向等都进行了深入浅出的解读，是一本不可多得的科普著作，特向读者推荐。

傅廷栋

2018年6月30日

前　言

　　油菜作为一种野生植物而自由自在地出现在世界上，已有数百万年的历史了。

　　油菜作为一种油料作物种植而取籽榨油，为中国老百姓在饭锅中添油加醋、在屋宇里点灯照明、在大路上能"车辚辚、马萧萧"，算来也有一千多年的历史了。

　　油菜作为一种主要的农作物，在新中国的国民经济中占有重要的一席之地，入选农业院校的教科书，也有数十年的历史了。

　　但油菜能为中国亿万老百姓所关注、所喜爱、所需求，乃是21世纪以来的事。这大概要归结于社会的进步和油菜价值开发这两个不同方面的合力。

　　"柴米油盐"是中国老百姓居家过日子的必需品，而"春雨贵如油"这句流传了几百年的老话，也恰好反映了旧时代里油的珍贵。记得20世纪60年代，城市居民每月凭票供应二两①食油；那时我当知识青年下放农村，有一年生产队油菜丰收了，每人分得一斤②七两菜油，算起来每月也不到一两半。一方面，改革开放后，国家的经济有了飞跃的发展，食油的供给已经得到充分的满足，超市里的植物油5斤一壶10斤一桶，各式各样，比比皆是，琳琅满目，任意选购；另一方

　　注：①1两=50克；②1斤=500克。余同。——编者注

面，充裕的油脂使得一些人不仅仅看起来大腹便便，还极大增加了心脑血管疾病发生的风险。因而改良油的品质、讲究油的吃法，便成为人们普遍关注之事了。

随着菜油品质的改良，油菜的各种用途也逐渐被挖掘。除了将菜籽油食用和工业用以外，油菜还可以有饲用、蔬用和药用等价值，壮观的花海更是旅游观光途中的靓丽风景线。因此种油菜者愈广，喜爱油菜者愈众。人们在种油菜、卖油菜、吃油菜或观赏油菜的同时，若有一本有关油菜科学知识的浅显书籍在手，或查查油菜的来龙去脉，或低吟鉴赏赞美油菜花的诗句，或浏览几幅油菜的美丽图片，或了解一下我们吃进去的菜油是如何成为机体的一部分的……，如此翻翻看看，不亦乐乎？

1968年，青年时代的我从城里上山下乡，开始认得油菜；5年后进农业院校读书，开始学习到有关油菜的一些科学知识；1981年师从刘后利老先生攻读博士学位，至此便与油菜结下了一生的不解之缘。蒙华中农业大学领导和油菜科研团队的支持给我提供了继续科普写作的条件。一晃就是两年，终于脱稿。

在本书即将付印之际，我要：

感谢当年那些手把手教我种油菜、干农活的农民兄弟！感谢与我同甘共苦分享滴滴菜油、粒粒米饭的知青朋友！

感谢将我引入油菜知识殿堂的恩师刘后利老先生！

感谢那些在我从事油菜科研教学期间与我愉快共事过的同事、同仁、老师、学生、工人师傅和国际友人！

感谢旅美华人科学家陈子征博士仔细审阅书稿，特别是对油脂和脂肪酸有关章节的修改和指正！

在本稿成书之际，又蒙八十高龄的傅廷栋院士，在百忙之中，戴上老花镜再次审阅全书和提出修改意见，并欣然为本书作序。感激之情，难以言表。

感谢肖紫萁同学为本书绘制了封面、封底和几乎全部插图——书中凡未指出出处的插图均出自肖女士之手。油菜同仁胡宝成、赵坚义、邹珺、胡文娟和旅美华人科学家陈宇、党本源为本书提供了宝贵的照片，在此一并致谢！

感谢我的家人为我从事油菜科研和写作的格外付出！

我的办公室在三楼，窗外就是一片油菜地。写作本书期间，曾两度赏花。写书赏花之余，得一小诗《忆江南·油菜花》二首，与大家分享：

江南路，初见菜花黄。冬暮追肥绿叶美，秋晨炒饭菜油香，炊晕伴星光。

江南舞，寻蜜探花忙。昨日黄花存旧影，经年霜叶拥新黄，香艳入时光。

孟金陵

2019年4月23日

目 录

凌寒冒雪几经霜，
一沐春风万顷黄。
映带斜阳金满眼，
英残骨碎籽尤香。

———孙犁 《菜花》

陈宇提供，摄于加拿大

胡宝成提供，摄于云南

第一章

油菜的来龙去脉

一、什么是油菜

初夏时节，一个庄稼人手执镰刀，看着地里沉甸甸的黄熟枝条说："我去年秋天播下种子，辛苦劳作了大半年，现在立马就要收割、打籽、卖大钱啦！"这庄稼就叫油菜。厨房里，妈妈闻着锅里的菜香说："我用油就能炒出这道香喷喷的菜，能从种子中榨出这种油的植物就是油菜。"餐桌旁，孩童指着盛满油菜花蜜的蜜罐说："春天里爸爸带我去乡下，看到蜜蜂采蜜的那些植株，就是油菜。"旅游车上，游人指着一片金黄色的花海说："油菜就是一道美丽壮观的风景画！"舞台上，诗人高声朗诵道："什么是油菜？油菜花开满地黄，丛间蝶舞蜜蜂忙；清风吹拂金波涌，飘溢醉人浓郁香"（引自余邵《油菜花》）。这真是众说纷纭。那么到底油菜是什么呢？

油菜界有一位著名的老先生，名字叫刘后利。他给油菜下了一个科学的定义：凡是以收获种子榨油为目的的芸薹属农作物，统称为油菜。这句话里有两点好像不太好理解：其一，芸薹属是什么？其二，既然是"统称"，那油菜就不止一种喽？

二、植物的分类和油菜所在的家族

　　世界上的植物形形色色，成千上万种。它们的外形相似又相异，它们之间的血缘关系有远也有近。根据植物的形态学特征和相互间的亲缘关系，科学家将世界上的植物划分为不同的门、纲、目、科、属、种（图1.1）。

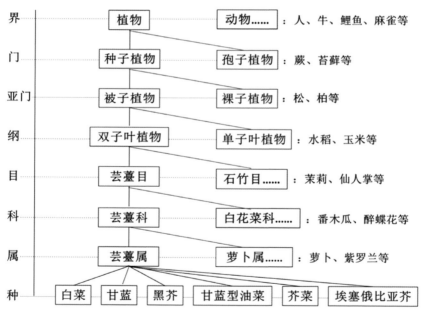

图1.1　芸薹属植物在生物分类中的地位

　　注：图中以植物里的油菜及其近缘种为主线，展示了芸薹属各物种所在的界、门、亚门、纲、目、科、属。方框内的省略号"……"表示还有其他的分类单位（如在界的层面上，除植物、动物外，还有真菌等界别）。在方框外用小体字例举了分类单位的代表性物种，如动物中的人、牛、鲤鱼、麻雀等。

不管是植物还是动物，种（也称为物种）都是最基本的分类单位。比如萝卜和白菜、乌鸦和麻雀，就都是不同的种；种，是一群可以交配并繁衍后代的个体。一个物种与另一个物种，通常是不能交配的。即使偶尔交配后产生了杂种，该杂种也不能再繁衍。比如驴和马这两个物种，非常规交配后可以产生出又高又大的骡子，但骡子是不能生育的。物种间这种生殖上的隔离，保证了世界上形形色色的物种能够各自繁衍进化、代代遗传。亲缘关系最相近的物种组成一个属，而亲缘关系最相近的属又组成一个科，以此类推，一直到界的组成。

　　国际上约定以拉丁文对植物命名。油菜所在的科为芸薹科（Brassicaceae），旧称十字花科（Cruciferae），这是因为该科植物的花朵基本上都有4个对称的花瓣，开花时呈十字形。油菜所在的属叫芸薹属（*Brassica*），包含有40多个物种，其中有6个物种被人们广泛栽培。而这6个栽培种里，有4个物种都叫油菜或包含有油菜，它们分别是白菜（或称为白菜型油菜）、甘蓝型油菜、芥菜（或称为芥菜型油菜）和埃塞俄比亚芥。从这4个物种里培育出的油菜品种，都可以收获其种子榨出菜油。芸薹属里另两个重要成员是甘蓝和黑芥这两个物种，它们分别是蔬菜和调料，而不是油菜。国际上通用斜体的拉丁文来书写植物的属名和种名，在书写种名时，一定要把其所属的属名写在前面，以表示种的归属，就像我们一家的兄弟姐妹，名字前面都要有一个共同的姓一样。属里的4种油菜都姓 *Brassica*，其中白菜为 *Brassica rapa*、甘蓝型油菜为 *Brassica napus*、芥菜为 *Brassica juncea*、埃塞俄比亚芥为 *Brassica carinata*。芸薹属、物种、蔬菜、油菜，这么复杂，怎么理清油菜和这些术语之间的关系呢？咱从小就知道"萝卜白菜，各有所爱"。既然白菜是我们最熟悉的，那就让我们从白菜这个物种开始，来进一步搞清楚油菜的来龙去脉吧。

三、油菜的前世——白菜和白菜型油菜

（一）白菜的起源驯化

　　白菜作为一个物种来到世界上，大约是在370万年前，源于亚洲的中亚地区。相比之下，我们人类的进化却晚得多，因为即使是我们的祖先类人猿，也只是在200万年前来到了这个世界。类人猿真有幸，一来

到世上就有白菜吃——不过200万年前的白菜可不会有现在的白菜那么好吃。白菜物种形成后，又经历了漫长的自然选择、进化、人工驯化和品种培育，才有了现在招人喜爱的白菜。

人们常说的白菜是个集合词。实际上世上有各种各样的白菜，如卷心的大白菜、嫩绿的小白菜、粗壮的红菜薹、细细的绿菜心，还有根部长得象萝卜的白菜叫大头菜，而种子里富含油脂用以榨油的白菜叫白菜型油菜（图1.2）。

图1.2　各式各样的白菜（王晓武　提供）

尽管白菜的品种繁多，形态各异，但它们的花形却很相像。与其他芸薹属植物一样，所有的白菜品种都有4个金花色的花瓣，花瓣外面包被着4个绿色的花萼。去掉两个花瓣和花萼后，可以看到花柄基部藏着4个可以分泌花蜜的蜜腺，蜜腺周围有6个向上生长的雄蕊，而雌蕊则被雄蕊所簇拥着（图1.3-Ⅰ）。雌蕊由柱头、花柱和子房组成，子房中坐落着两排胚珠，每一个胚珠里面有一个卵细胞。雄蕊的花药中则藏着数以千计的花粉，每一粒花粉包含着一个营养细胞和一个雄性生殖细胞。花粉在柱头上萌发长出花粉管以后，雄性生殖细胞分裂为两个精子（图1.3-Ⅱ）。

高等植物个体都是由细胞组成，而细胞大体可分为两类：体细胞

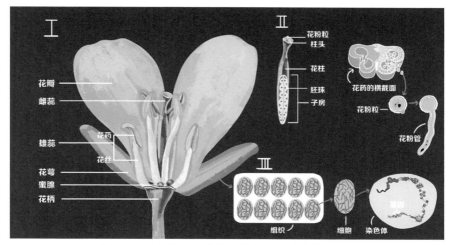

图1.3　油菜花及遗传物质模式图（以白菜为例）

注：Ⅰ为油菜花的剖面图，花萼和花瓣只展示了一半。Ⅱ为雌蕊和雄蕊花药。雌蕊的子房被剖开展示了其中的胚珠。花药里的花粉被放大，中间的黑色圆点为营养细胞核，浅蓝色部分为雄性生殖细胞。花粉粒在柱头上萌发长后，会长出花粉管，其中的雄性生殖细胞分裂为两个精子。Ⅲ以花萼为代表展示了一小块带有10个细胞的花萼组织，每一个细胞里有10对染色体，每一个染色体就是一条DNA链，呈高度螺旋状，图示逐步解螺旋后DNA链上的基因。一条白菜染色体上有好几千个基因。

和性细胞。白菜花朵雌雄蕊中的卵细胞和精细胞是性细胞，其余部分的细胞以及植株体中的所有细胞都是体细胞。白菜的体细胞里有10对染色体。在生殖生长的初期，成对的染色体两两分开，因此产生的性细胞只有10个染色体。高等生物的性细胞包括精细胞和卵细胞，性细胞里的染色体数目用n表示。白菜的性细胞里有10条染色体，因此$n=10$。10条染色体上一共约有46 000个基因，而性细胞里所有基因的集合称为基因组（图1.3-Ⅲ）。遗传学家用英文字母A、B、C、D……命名同一个属里不同物种的基因组。白菜是芸薹属里的老大，因此，白菜的基因组被定为A，各式各样的白菜都共享这个A基因组。基因组上的基因控制着所有的生命活动。白菜A基因组上有46 000个基因，控制着所有的生命活动，包括呼吸作用、光合作用、营养吸收、养分积累等生理活动，生根、长叶、抽薹、开花等各种生长发育活动。个体间发生的基因变异，也导致了不同的白菜拥有不同的形态特征，如有的叶片舒展张开、有的叶片包合结球；有的根茎膨大如头，有的花色变深或变浅。

由于同属于一个物种，共享一个基因组，各式各样的白菜之间均可以相互交配，产生可育的后代。

　　精细胞藏在花粉里。开花时，4 个黄色的花瓣呈十字形张开，花粉从花药中释放出来。它们随风飘落在雌蕊的柱头上，或被蜜蜂等昆虫带到雌蕊的柱头上后，活力四射的花粉会萌发出花粉管，将携有 10 条染色体的精子经过花柱送入雌蕊子房里的胚珠内，进而与卵细胞融合，实现受精（图 1.4）。卵细胞也同样具有 10 条染色体，因此，受精卵有 20条染色体，是性细胞的 2 倍，称为二倍体，用 $2n$ 来表示，即 $2n=20$。那么精、卵性细胞也就是单倍体啰。精、卵细胞受精融合后，受精卵进行细胞分裂、分化，逐步发育出胚胎。所有的胚胎细胞也都具有 20 条染色体，包含着两个 A 基因组，这种细胞称为体细胞。每一条染色体都复制自己，但随后体细胞一分为二，细胞内仍然维持着 20 条染色体不变。胚胎成熟后演变为种子，种子萌发后长成枝繁叶茂的植株个体。种子和植株都是由体细胞组成的，每个体细胞内都有两个 A 基因组、20 条染色体，承载着精、卵细胞所有基因和相应的遗传性状特征。 因此，白菜是二倍体植物，而 "$B.\ rapa$，AA，$2n=20$" 这么一个简式，就展示了白菜最重要的特征。

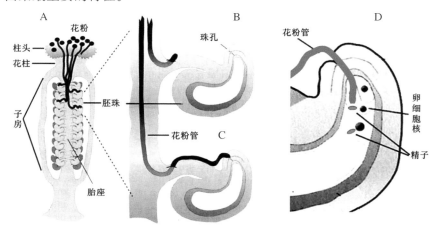

图 1.4　芸薹属植物的传粉受精过程（以白菜为例）

　　注：A.花粉落在雌蕊柱头上后萌发，然后穿过花柱进入子房里的胚珠。 B、C 为 A 图的局部放大图。 B.一个花粉管从胎座里穿出来到胚珠表面。C.另一个花粉管从胚珠的珠孔处开始进入胚珠中。 D.花粉管进入胚珠后释放出两个精子（画中为红色），其中一个精子与卵细胞中的卵核融合，形成幼胚。另一个与胚珠中的极核融合，形成胚乳，为幼胚提供营养。

植株进入生殖时期时，来源于父母双方的染色体在性母细胞内相亲相爱、两两配对；10 对紧密接触的染色体在配对过程中要交换部分遗传物质（基因），然后染色体重新组合，形成一套套各含 A 基因组、染色体数为 10 的性细胞。这些性细胞在雄蕊中为精子，在雌蕊中为卵细胞，开花时又进入下一个世代的传粉和受精，产生新的基因组为 AA 的种子。如此世世代代繁衍下去，白菜永远是含 A 基因组的白菜，白菜种子的细胞里总是保留着 20 条 A 基因组的染色体。由于在精、卵细胞形成过程中交换了父母双方的遗传物质，并有染色体的重新组合，再受精后产生的子代与亲代相比又有许多变异。"适者生存"，适应自然环境的变异具有较大的生存机会，得到保留，这就是自然选择；有利变异逐步积累，物种得到进化。当白菜进化到可以被食用时，就等着人类来采摘了。

　　人类何时开始食用白菜，尚不得而知。但至少在距今 3 000 多年前的西周时期，我国黄河以北的中原大地上，就生长着白菜供我们的祖先采食。有诗为证："采葑采菲、无以下体"（引自《诗经》）。诗经是我国最早的有文字记载的诗歌集，葑、菲二字为古时对大头菜和萝卜的称谓，都是地上部长茎叶，地下部长膨大块根的芸薹科植物。此诗句为邶地弃妇所唱的情歌，大意是：白菜、萝卜的根有时候不能食用，但不能因此而将其茎叶一同丢掉。婉转之意是：郎君啊，不要因为我的容貌将老，而割弃多年的深情和无价的德操。原来白菜不仅仅是我们祖先的果腹之物，在古老的中华文化中，她还是一种传情之物呢。

（二）白菜型油菜的来历

　　人们为了获得更多的食物，就要将野生的动物捉回来圈养，将野生的植物种子采回来种植，这项劳作称为对野生动植物的人工驯化。我们的祖先将白菜这个物种驯化为叶用和根用的蔬菜作物后，又进一步将它驯化为油料作物——油菜。1 400 年前，南北朝的贾思勰在《齐民要术》中记载："种芥子及蜀芥、芸薹取子者，皆二、三月好雨择时种，旱则畦种水浇，五月熟而取子。"芸薹即白菜，"取子"作甚？留种，这是我国人工驯化白菜的较早记载。另一方面，留种只需要少量种子，以取子为目的来种白菜，还应当是为了利用白菜种子中的油，虽然"油菜"这个名词直至宋代才出现。宋朝苏颂所著《图草本经》曰："油菜形微似白菜。始出自陇、氏、胡地。一名芸薹，产地名也。"但在随后的上千年历史中，从白菜（油菜）中榨取的菜籽油一直是我国的重要食用油，也用于点灯照明（称为灯油）和车轴等机械的润滑。

唐宋时期，作为重要的油料作物和蔬菜作物，白菜已在我国大江南北普遍种植，白菜花也成为文人墨客歌咏的题材之一。唐朝时期，大诗人刘禹锡就把自己比作掩不住的菜花："百亩庭中半是薹，桃花净尽菜花开；种桃道士归何处，前度刘郎今又来。"还有温庭筠的"沃田桑景晚，平野菜花春"（引自《宿沣曲僧舍》），齐己的"吹苑野风桃叶碧，压畦春露菜花黄"（引自《题梁贤巽公房》），众多优美的诗句，则将白菜花美景融入到了晚唐庭园春色之中。宋代咏菜花的文人骚客就更多了。如杨万里的"儿童急走追黄蝶，飞入菜花无处寻"（引自《宿新市徐公店》）；秦观的"小园几许，收尽春光。有桃花红，李花白，菜花黄"（引自《行香子》）。

到了清代，白菜已成我国最重要的油料作物，从在庭院菜畦的小面积栽种扩大到广阔田野的大面积种植。这也反映在诗人的诗句中。如刘宗濡的《看菜花》、孔尚任的《秦邮舟中望菜花》。连乾隆皇帝也写诗赞颂起油菜来了："黄萼裳裳绿叶稠，千村欣卜榨新油。爱他生计资民用，不是闲花野草流。"菜油，在满清时期已是我国多数地区老百姓不可或缺的食物了。

到20世纪50年代，我国引进试种了芸薹属里的另一种油菜——甘蓝型油菜。甘蓝型油菜是芸薹属的另外一个物种，为了便于区分，我国学者便将生产菜油的白菜称为白菜型油菜。与白菜型油菜相比，甘蓝型油菜更为高产、抗病，于是白菜型油菜被逐渐取代，在中国大规模种植白菜型油菜终成历史，现在仅有少数地区有小规模的白菜型油菜种植。

四、白菜的大姐姐和她的孪生妹妹

早在900万年前，从生长在毗邻欧洲的小亚细亚（土耳其境内）及伊朗一带的芸薹属植物祖先种里，进化出了一个崭新的物种：黑芥（*Brassica nigra*，BB，$2n=16$）。随后又过了漫长的500多万年，白菜才从芸薹属祖先种中分化出来。因此，可以将黑芥看作是白菜的大姐姐。但白菜可不是单独来到世界上的，还有一个物种与她相伴而生，这就是甘蓝（*Brassica oleracea*，CC，2*n*=18）。古老的甘蓝基因组大约有5万个基因，分布在9条染色体上。而此时的白菜A基因组里的10条染色体上也大约有5万个基因，它们在结构和功能上都与C基因组上的基因大致相似，称为部分同源基因。因此，白菜和甘蓝可以看作是芸薹属祖母产下的一对双胞胎姐妹。白菜的染色体天生就比甘蓝多一条，可看作为孪生姐姐；甘蓝的染色体数少一条，细胞里的染色体只有9对，基因组标记为C，是孪生妹妹。不过这对双胞胎却有着不同的出生地：姐姐白菜出生在中亚，妹妹甘蓝生于万里之遥的南部欧洲——地中海北岸。

芸薹属的黑芥、白菜和甘蓝相继来到世界上后，都经历了人类对它们的长期驯化。黑芥随后也被人类驯化为蔬菜作物，如脍炙人口的云南玫瑰大头菜，就是用黑芥培育出的一个土特产品种，迄今已有三百多年的制作历史。而甘蓝呢？我们平常吃的大把大把的蔬菜，如卷心菜、花椰菜、青花菜、孢子甘蓝等，都是人们从甘蓝这个C基因组物种里培育出的不同蔬菜类型。遗憾的是，黑芥和甘蓝中都没有产生出油用类型，人类只在白菜中培育出了油菜。这大概是为什么植物学家会将A这个第一个大写字母，戴在了排行老二的白菜基因组的桂冠上！排行老大的黑芥，基因组标记为B，是不是觉得有些受委屈了呢？

虽然黑芥和甘蓝本身都与油菜不沾边，但它们的B、C基因组中，蕴藏着许多在长期进化过程里产生的优异基因。这些基因或有利于抵抗各种恶劣的环境，或有利于植物快速生长，是油菜种质改良的重要基因资源。更为重要的是，B、C基因组物种的存在，为在芸薹属植物里进化出3个更高级别的油菜物种奠定了基础。

五、两个高级别的油菜——埃塞俄比亚芥和芥菜

我们这里所说的级别高低，是指植物基因组的倍数性。白菜、黑芥和甘蓝的体细胞中，各自含有两个基因组，即AA、BB、CC，因此，它们都是二倍体物种，是一种低级别的物种。这些二倍体物种虽然诞生在世界的不同地区，但被人类驯化后，就随着人类的活动向周边扩散、远走四方。

（一）埃塞俄比亚芥

　　大约在1万年以前，扩散到非洲中东部埃塞俄比亚高原的黑芥和甘蓝，发生了天然杂交。黑芥的花粉落在了甘蓝花朵雌蕊的柱头上后，居然萌发出花粉管，将携有B基因组8条染色体的精子送到甘蓝的卵细胞里。原本井水不犯河水的B、C基因组，合并到了同一个受精卵中，融合产生出包含B、C两个基因组的杂种细胞。受精后的杂种卵细胞随后又分化出杂种胚胎、长出杂种苗、发育为杂种植株。奇妙的是，二倍体杂种在其分化发育的某个时期，细胞的染色体复制后，居然没有发生细胞分裂，导致其细胞内的染色体数目发生了加倍，从8+9=17变为17×2=34，杂种的基因组也由BC加倍为BBCC，成为四倍体。这种由两个不同源的基因组组成的四倍体个体，称为异源四倍体。BBCC异源四倍植株在孕育性细胞的过程中，B、C基因组内的每一条染色体都有另一条同源染色体与其配对，因此可以产生具有一整套染色体（17个）、基因组为BC的卵细胞和精细胞。这种染色体完整的性细胞具有正常的功能，因而在杂种植株开花后，其精、卵细胞能正常受精，孕育出可育的种子。异源四倍体杂种植株成功地繁衍了后代，并逐渐进化为一个四倍体新物种，这就是埃塞俄比亚芥（*Brassica carinata*，BBCC，$2n=34$）（图1.5-A）。B、C基因组融入到同一个细胞后，不是简单的染色体数目和基因数目的相加，而是发生了广泛的遗传重组和染色体重构，致使这个新物种产生了各式各样的遗传变异。非洲人利用其中的一些有利变异，通过长达6 000年的驯化栽培，从埃塞俄比亚芥中培育出许许多多农家品种，其中不仅仅包括类似亲本种甘蓝和黑芥的蔬菜类型，更有大量的、亲本种里没有的油用类型。因此，直到今天，埃塞俄比亚芥仍然是埃塞俄比亚以及周边苏丹等国的重要油料作物。埃塞俄比亚芥油菜品种中蕴藏着丰富的抗病、抗虫、抗非生物逆境等优良基因，因此也是其他国家进行油菜品种改良的宝贵种质资源。

　　20世纪80年代以后，埃塞俄比亚芥被陆续引进到中国。由于"水土不服"，其种子产量远远低于我国的油菜品种；但将埃塞俄比亚芥中的优异种质转到中国油菜品种中的工作，却卓有成效地进行着。

图1.5 3种异源四倍体油菜

A. 埃塞俄比亚芥（BBCC，2n=34）；B. 芥菜型油菜（AABB，2n=36）；C. 甘蓝型油菜（AACC，2n=38）。C图中1、2、3、4、5、6、7分别指油菜的茎、叶、花、角果（由花中的雌蕊受精后发育形成，植物学中统称果实）、种子（包含在角果中）、花器官上的花瓣和雌雄蕊（即摘去花瓣后的花）。其中根和茎叶分别为植物提供水、矿物质等无机营养和碳水化合物、蛋白质等有机营养，称为营养器官；花、果实和种子负责植物生命的传递，称为生殖器官。油菜的果实呈角状，称为角果。

（二）芥菜和芥菜型油菜

黑芥除了往南进入了非洲，也往东被带到中亚地区。大约在一万年以前，黑芥与当地早已存在的白菜发生了天然杂交，于是也演绎出了一部异源四倍体新物种的诞生记：A、B两个基因组的18条染色体合并到了同一个细胞中，染色体数加倍后，产生出了芥菜（*Brassica juncea*，AABB，2n=36）这个新物种（图1.5-B）。

芥菜这个物种形成后，逐渐扩散到西亚、南亚、地中海沿岸欧洲各国以及我国的西北地区。据考古发现，中国人6 000年前即采集芥菜为食。2 500年前的《左传》始有芥菜的文字记载；东、西汉时均有文字介绍芥菜的种植技术，表明芥菜在我国至少有2 000年的栽培历史。早期主要是采集芥菜种子用作调料，后来逐渐培育出叶用和茎用的蔬菜类型。芥菜可能与白菜同期被我国人民用来采籽榨油，这在《齐民要术》中已有记载。清代吴其濬著《植物实名考》，将油菜分为"油辣菜"和"油青菜"。"油辣菜"即油用的芥菜，现在称为芥菜型油菜；而"油青菜"即油用的白菜型油菜。与白菜型油菜相比，芥菜型油菜生育周期长、种子产量低、出油少、油的辛辣味较重，因此，在农业主产区较少种植。但芥菜的根系发达，具有耐贫瘠和耐旱等优点，在我国的边远地区和山地多有种植，有些地方至今仍种有少量的芥菜型油菜。而在印度、巴基斯坦等南亚国家，芥菜型油菜一直是主要的油料作物，至今仍保持着很大的种植面积。

六、油菜的今生——甘蓝型油菜

可能是相距太远的原因，甘蓝基因组与白菜基因组相遇的时期，也迟于甘蓝-黑芥或白菜-黑芥基因组相遇的时期。大约在 5 000 ～ 7 500 年以前，相距千山万水的甘蓝与白菜，终于在欧洲地中海北岸相交，融合产生出包含 A、C 两个基因组的杂种细胞，包含着大约 10 万个基因。随后细胞内的染色体数目发生了加倍，最后产生出芸薹属里的又一个异源四倍体新物种：*Brassica napus*（AACC，2*n*=38）（图 1.5-C）。这个新物种在欧洲先后被驯化为蔬菜用和饲料用类型，大约在 500 年前被驯化为油菜，逐步成为欧洲的主要油料作物，并扩散到美洲和大洋洲。*Brassica napus* 的油用类型于 1940 年代被引进中国，被中国的植物学家称为欧洲油菜。欧洲油菜的叶片外形酷似甘蓝，因此，新中国的农学家又将其称之为甘蓝型油菜。

20 世纪 30 年代，旅日韩国学者禹长春（N.U）用白菜与甘蓝杂交，进行了细胞学研究。他观察了双亲、杂种及双二倍体杂种的染色体配对行为，用科学方法证实了白菜、甘蓝与甘蓝型油菜之间的亲子关系，并进一步阐明了芥菜与白菜、黑芥之间的亲缘关系。他用一个三角形的图形，来展示芸薹属内 6 个重要物种之间的相互关系，这就是著名的禹氏三角（图 1.6）。禹长春不仅因提出了禹氏三角而在国际作物遗传育种界享有盛誉，还因他为韩国的油菜、蔬菜育种做出了诸多卓越贡献，而被韩国人尊为"现代农业之父"。

除欧洲外，甘蓝型油菜还有另一个起源，这就是日本。在古代，日本与中国间的交流十分频繁，中国的白菜也在 2 000 多年前被引进日本，在很长的一段历史时期都是日本的重要油料作物和蔬菜作物。到了19 世纪后期的明治维新时代，日本向西方学习，产于欧洲的甘蓝和甘

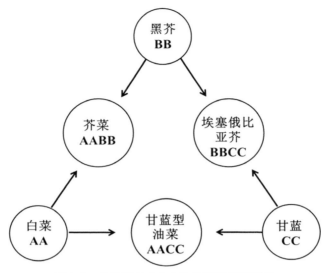

图1.6 芸薹属植物6个物种间的相互关系

注：位于三角形顶端的3个物种为白菜（即白菜型油菜，*Brassica rapa*，AA，2*n*=20）、黑芥（*Brassica nigra*，BB，2*n*=16)和甘蓝（*Brassica. oleracea* L.，CC，2*n*=18），它们是大约400万年以前产生于自然界的基本物种。在三角形的三个等边上的物种是3个复合种，即甘蓝型油菜、芥菜和埃塞俄比亚芥，它们是前面3个基本种在不同地区条件下各自相遇，通过自然种间杂交后形成双二倍体进化而来的多倍体物种。

蓝型油菜均被引进日本本土和朝鲜。甘蓝型油菜由于其高产和适应性强等优势，很快在日本得到推广，并逐步取代了白菜型油菜。与此同时，引进朝鲜的甘蓝（或许是甘蓝型油菜）与当地的白菜（很可能是白菜型油菜）发生了天然杂交，形成了一种有别于欧洲甘蓝型油菜的甘蓝型油菜，称为朝鲜种。将朝鲜种引入日本本土后发现，朝鲜种甘蓝型油菜比欧洲的甘蓝型油菜的适应性更强，从而引起了日本农学家的重视。日本育种家对欧洲甘蓝型油菜，也进行了一系列的遗传改良，主要是将其与白菜型油菜杂交。这种改良了的欧洲油菜，在本质上与朝鲜种类似，统称为日本油菜。

　　第二次世界大战期间，日本农学家将其本国的"日本油菜"引进中国，抗战胜利后，中国农学家改称之为"胜利油菜"。与白菜型油菜相比，"日本油菜"在中国表现了较强的抗病性和丰产性，20世纪60年代后得到大力推广，甘蓝型油菜由此逐步取代了中国传统的白菜型油菜和芥菜型油菜。为了使外来油菜更适应中国的地理生态环境和栽培条件，我国农学家又将胜利油菜与中国的白菜型油菜杂交，培育出许多甘蓝型油菜新品种。改革开放后，我国育种家将中国甘蓝型油菜与从欧洲、加拿大和澳大利亚引进的优质甘蓝型油菜品种杂交，形成了我国的现代油菜优质新品种，随后研制了十分丰产的杂交油菜品种。

　　20世纪50年代，我国普遍种植白菜型油菜，全国油菜的总面积不足3 000万亩①，亩产仅30公斤②；进入20世纪以来，我国90%以上的油菜地都种上了甘蓝型油菜，常年种植面积在1亿亩以上，亩产为20世纪50年代的4倍，每年可为我国13亿人平均提供3.5公斤菜油。甘蓝型油菜成为了我国的第一大油料作物，菜油亦成为我国最普通的食用油。那铺天盖地的油菜花，还成为春满江南的美景，夏日青海的壮观。当人们吟诵起当代诗人"油菜花开满地黄，丛间蝶舞蜜蜂忙"的诗句时，须知此时的油菜花已非前朝诗句"桃花红，李花白，菜花黄"中所颂的白菜花了。异源四倍体的甘蓝型油菜，后来者居上，不仅在中国取代了白菜型油菜的地位，还发展成为世界的最主要油料作物之一。以下章节里介绍油菜的各种知识和用途时，都指的是甘蓝型油菜。

注：①1亩≈667米²；②1公斤=1千克。余同。——编者注

第二章

菜油的营养价值

    用油菜的种子压榨出来的油称为菜油或菜籽油。菜油是我国及世界许多国家的主要食用油之一。在各种植物油中，菜油也是营养价值较高的油。要了解菜油的营养价值，首先要弄清楚油是什么，有些什么成分？然后，再看看菜油有哪些成分，这些成分与人的营养健康有什么关系？最后，本书还要介绍一些吃油用油特别是食用菜油的科学方法，不然，再有营养的食用油也可能失去其营养价值。

一、油和脂肪酸

（一）油和油脂

    人们的食用油分别来自于植物和动物。在常温下，绝大多数植物油（如菜油、芝麻油）呈能流动的液态，通常就称为油，而常温下的动物油则呈固态，通常也称之为脂肪，如猪油、牛油。油和脂肪通称为油脂，它们是一种由碳、氢、氧三种元素组成的有机化合物。这3种元素分别构成脂肪酸和甘油，而一个油脂分子，就包含着3个高级脂肪酸分子和1个甘油分子，称为甘油三酯（图2.1）。脂肪酸的种类繁多，由此构成各式各样的油脂。

    三条折线为3个脂肪酸分子，红色虚线方框示一个脱水后的甘油基团（化学名为丙三醇），它与脂肪酸分子结合后成为一个甘油三酯分子。甘油三酯含碳、氢、氧3种元素，由碳氢链相连接，链上的碳原子以共价键两两互连。图中折线表示碳氢键，折线的每一个拐点表示一个碳原子，其余价位上则连接氢原子。

图2.1 油脂分子（甘油三酯）的化学结构

注：图中碳原子上连接的氢原子被省略，仅在甘油分子的放大图里（红色箭头所指的红色实线方框）有展示；3个脂肪酸分子分别为亚油酸（1，含18个碳原子和黑色箭头所示的两个碳氢双键，可用18：2表示）和两个油酸（2、3，它们都含18个碳原子和两条黑色短线处所示的一个碳氢双键，可用18：1表示）。甘油三酯为糖的代谢产物，贮藏着大量的化学能（即热量）。

（二）饱和脂肪酸与不饱和脂肪酸

脂肪酸是由碳、氢、氧3种元素组成的碳氢链有机化合物。脂肪酸碳氢链上的碳原子以共价键两两互连，其余价位上则连接氢原子；碳原子的一端含有一个羧基（COOH），呈酸性，故称脂肪酸。一般食物所含的脂肪酸的碳链上碳原子数在16个或18个以上（自然界广泛存在的约20种脂肪酸中，约80％是16：0、18：1和18：2），最多可达26个，为长链脂肪酸，也称为高级脂肪酸。碳链长超过18的称为超长链脂肪酸。脂肪酸的碳链愈长，熔点愈高，油脂的流动性愈弱。

脂肪酸又分为饱和脂肪酸和不饱和脂肪酸两大类。饱和脂肪酸的碳链上只有单键（饱和键），是动物脂肪和少数植物油（如棕榈油）的主要成分。不饱和脂肪酸的碳链中含有双键（即不饱和键），是许多植物油的主要成分，如橄榄油、菜籽油等。根据双键个数的不同，不饱和脂肪酸可分为单不饱和脂肪酸和多不饱和脂肪酸。饱和脂肪酸的熔点较高，流动性较弱，因此动物油在常温下大多呈固态，俗称为脂肪。相对于饱和脂肪酸而言，不饱和脂肪酸的流动性较强；不饱和度愈高，油脂的流动性愈强，因此，大多数植物油在常温下呈液态，俗称为油。植物油脂中，棕榈酸和硬脂酸是常见的饱和脂肪酸，油酸是常见的单不饱和脂肪酸，而亚油酸、亚麻酸是较常见的多不饱和脂肪酸（图2.2）。

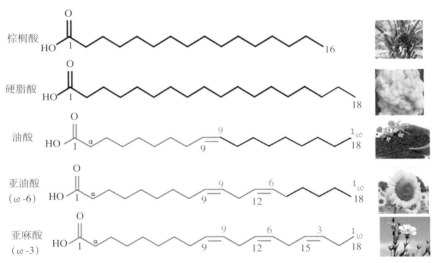

图2.2　食用油中几种常见脂肪酸的结构示意图

　　注：脂肪酸分子的碳氢键以折线表示，蓝色阿拉伯数字表示脂肪酸分子碳链上第一个碳原子和最后一个碳原子所在的位置，以及双键所在的位置。棕榈酸又称软脂酸，是十六碳脂肪酸，它的碳链上不含双键，仅有单键，单键上所有的价位均结合有氢原子（未标示），故为饱和脂肪酸。硬脂酸是十八碳饱和脂肪酸。含有双键的脂肪酸为不饱和脂肪酸；图中的油酸、亚油酸和亚麻酸都是十八碳不饱和脂肪酸；油酸碳链的第9个碳键上有1个双键，为单不饱和脂肪酸，亚油酸和亚麻酸的碳链上各含2个和3个双键，是多不饱和脂肪酸。不饱和脂肪酸的生理学性质非常依赖于不饱和键相对于碳链末端的位置（由红色阿拉伯数字标出），因此用（ω-n）来标识碳链上的双键位置。亚油酸第一个双键出现在从碳链末端（甲基端CH_3、ω端）起第六个碳-碳键的位置处，为ω-6脂肪酸（ω为希腊字母，读音为Omega，因此ω-6脂肪酸也可写为Omega-6脂肪酸），而亚麻酸的第一个双键在CH_3端第三个键的位置，为ω-3（Omega-3）脂肪酸。右边与脂肪酸链对应的图片（从上到下）为：油棕、猪油、油菜籽、向日葵、亚麻。

（三）非必需脂肪酸和必需脂肪酸

在有充足氧供给的情况下，脂肪酸在人体内可氧化分解为二氧化碳和水并释放大量能量，因此是人类主要能量来源之一。人体也可以自己合成一些脂肪酸来满足生长发育的部分需求，不必依靠食物供应，这类脂肪酸称为非必需脂肪酸，包括各种饱和脂肪酸和一些单不饱和脂肪酸（如油酸）。而那些机体自己不能合成，必须依赖食物供应才能满足人体健康和生长发育需求的脂肪酸，称为必需脂肪酸，每日至少要摄入 2.2 ～ 4.4 克。必需脂肪酸都是多不饱和脂肪酸，如图 2.2 中的亚油酸和亚麻酸。必需脂肪酸在保障人体健康方面有着重要作用，它们能够吸收水分滋润皮肤细胞，防止水分流失，是机体润滑油。人体还利用必需脂肪酸进一步合成其他重要的脂肪酸，如二十碳四烯酸（花生四烯酸）、二十碳五烯酸（EPA）和二十二碳六烯酸（DHA）（图 2.4）。亚油酸和亚麻酸这两种人体必需脂肪酸的摄入比例，以 2：1 较为理想。

人体细胞还能够以油脂为基础合成许多更复杂的脂质组分，如各种磷脂、糖脂、类固醇和脂蛋白等，它们在化学性质上与油脂类似，统称为类脂。类脂是生物膜的基本成分，约占体重的 5%，行使着重要的生理功能。下面将对脂肪酸（包括必需脂肪酸）的生理功能作详细介绍。

二、油脂在人体中的分解与合成

（一）油脂在人体中的消化吸收和代谢

油脂被人体摄入后，主要在小肠里进行消化。参与消化油脂的成分有小肠黏膜细胞所分泌的多种酶类，还有肝、胆所分泌的胆汁。在这些消化液的作用下，油脂被水解为甘油和脂肪酸，然后进入血液中运输到身体的各个部位。

脂肪酸对人类的主要价值之一，就是被分解代谢后，为人体直接供应热能。在人体各种组织细胞的线粒体里，脂肪酸被分解为乙酰辅酶 A（CoA）。乙酰辅酶 A 是能源物质代谢的重要中间代谢产物，糖、脂肪、蛋白质三大营养物质均经过降解为乙酰辅酶 A 后，再被彻底氧化生成 CO_2 和水，并释放出大量能量。1 克油脂在体内完全氧化时，大约可以产生39.8千焦的热能；脂肪酸的碳链愈长，生成的能量愈多。在同质量食物中，油脂是产生能量最高的营养物质，比代谢1克糖类和蛋白质所产生的能量高1倍。成人每日需进食50 ～ 60克油脂，可提供日需热量的20%～ 25%。

（二）人体中的脂肪合成和积累

人体中的脂肪，也就是通俗意义上讲的肥肉。当然，人体脂肪并不仅仅指皮下组织我们看得到的肥肉，还有很多是我们看不到的，如在人体的肠膜和肾脏周围等处。人体中的脂肪，是人体积累的备用能源。但人不能直接将从食物中获得的油脂储存起来，而必须以甘油和脂肪酸为原料，在人体内自己合成。

人体合成脂肪所需的脂肪酸来源有两种。一种是人体利用消化食物油脂产生的游离脂肪酸，或产生的甘油一酯、甘油二酯中的脂肪酸。另一种是人机体自身合成的脂肪酸。食物中的脂肪酸降解物，以及超量摄取的糖和蛋白质降解物，都是人体合成脂肪酸的原料；肝和小肠则是人体合成脂肪酸的工厂，同时也负责将各种来源的脂肪酸与甘油一起组装成脂肪，通过血液循环系统输送到脂肪储存组织（图2.3）。人体脂肪细胞也可以利用脂肪酸和甘油合成脂肪。人体脂肪中的脂肪酸种类较多，半数是饱和脂肪酸，如16碳的棕榈酸和18碳的硬脂酸；也含较多的单不饱和脂肪酸——油酸，还有少量的多不饱和脂肪酸，如亚油酸和亚麻酸。值得指出的是，机体是不能合成亚油酸和亚麻酸的，必须仰赖于食物供给，这两种脂肪酸因而被称为必需脂肪酸。必需脂肪酸有着重要的生理作用，后面将会一一介绍。

人体中的脂肪占体重的10%～ 20%。2/3的脂肪存在于真皮下面，称为皮下脂肪，其主要作用是为人体绝热保暖和贮存能源。因为人类身体缺少毛发，所以脂肪的保暖作用对早期人类相当重要。皮下脂肪是人体储存"余粮"的主要场所。当人进食量小，摄入食物的能量不足以支付机体消耗的能量时，人体就会动用储存的脂肪以提供热能。围绕着人的脏器也积累着一定量的脂肪，它们对人的内脏起着支撑、稳定和保护的作用。但在另一方面，如果长期摄入超量的食物（包括油脂、淀粉、糖、蛋白质和其他食物），能量长期过剩，脂肪将过度积累，人会变得肥胖，严重时将引发"三高"、脂肪肝等代谢综合症，也得引起注意。

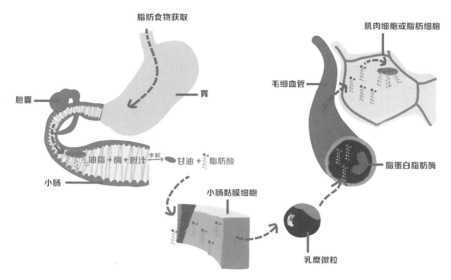

图2.3　油脂在人体内的分解代谢和重新合成

三、人体中具有重要生理功能的脂肪酸

（一）亚油酸和亚麻酸

油脂在分解代谢过程中产生的一部分游离脂肪酸，并不继续分解下去，而是进入人体复杂的合成代谢途径中，行使各种重要的生理功能。特别是那些人体不能合成的必需脂肪酸，如十八碳的亚油酸和亚麻酸。亚油酸是 ω-6系列的多不饱和脂肪酸，能降低血液胆固醇，预防动脉粥样硬化而倍受重视。人体还利用亚油酸进一步合成具有重要生理功能的二十碳四烯酸（花生四烯酸）。

亚麻酸即十八碳三烯酸，是 ω-3系列的多不饱和脂肪酸。人体利用从食用油中获取的亚麻酸为原料，进一步合成两种重要的 ω-3脂肪酸：二十碳五烯酸（EPA）和二十二碳六烯酸（DHA）。亚麻酸因最早在亚麻（我国北方称胡麻）中发现而得名。亚麻酸在紫苏油中占67%，在亚麻油中占55%，在牡丹油中占42%，在沙棘油中占32%，在菜籽油中占10%，在豆油中占8%，在其他常用植物油中甚微。高亚麻酸油菜品系中亚麻酸含量可达20%。

（二）花生四烯酸

花生四烯酸是一种 ω-6 多不饱和脂肪酸（图2.4-A），由亚油酸转化形成，在血液、肝脏、肌肉和其他器官系统中作为磷脂结合的结构脂类起重要作用，具有酯化胆固醇、增加血管弹性、降低血液黏度、调节血细胞功能等一系列生理活性。花生四烯酸也是前列腺素、血栓素和白细胞三烯等生物活性物质的直接前体。这些活性物质对脂质蛋白的代谢、血液流变学、血管弹性、白细胞功能和血小板激活等具有重要的调节作用。花生四烯酸还是人体大脑和视神经发育的重要物质，对提高智力和增强视敏度具有重要作用。花生四烯酸仅存在于动物体内，包括花生在内的各种植物均不能合成花生四烯酸。人体仰赖植物油供给的亚油酸来合成花生四烯酸。但是在婴幼儿期，体内合成花生四烯酸的能力较低，因此，需在食物中提供一定的花生四烯酸。母乳和婴幼儿配方奶粉中含有充足的花生四烯酸，有利于宝贝体格和智力的发育。成长后人体能由亚油酸转化而生成花生四烯酸。但如果体内有过多的花生四烯酸，则会生成较多的导致炎症与过敏性的物质。

（三）EPA 和 DHA

人体利用从食用植物油中获取的十八碳的 ω-3 脂肪酸即亚麻酸为原料，进一步合成 ω-3 系列的二十碳五烯酸（Eicosapentaenoic Acid，EPA）和二十二碳六烯酸（Docosahexaenoic Acid，DHA）这两种人体不可缺少的重要营养素（图2.4-B）。

EPA 是磷脂和胆固醇酯的重要组分，有很高的细胞活性，它帮助人体降低胆固醇和甘油三酯的含量，促进体内饱和脂肪酸代谢，从而降低血液黏稠度，增进血液循环，提高组织供氧而消除疲劳。EPA 还可以抑制体内过多地形成花生四烯酸，从而减少类花生酸的生成和降低体内的炎症与过敏性水平。血液中维持高水平的 EPA 有助于控制一系列与脑细胞炎症有关的疾病，如抑郁症、多动症和脑外伤引起的炎症。在防止脂肪在血管壁的沉积，预防动脉粥样硬化的形成和发展，预防脑血栓、脑溢血、高血压等心血管疾病等方面，EPA 也有着积极的作用。虽然亚麻酸在人体内可以转化为EPA，但此反应在人体中的速度很慢，且转化量很少，不能满足人体尤其是婴幼儿和老年人对EPA的需要，因此还需从食物中直接补充。生活在海洋深处的一些鱼类，如鲑鱼（也称为三文鱼或大马哈鱼），其体内脂肪含有大量的EPA，因此，从这类鱼中提取的鱼油也富含EPA。

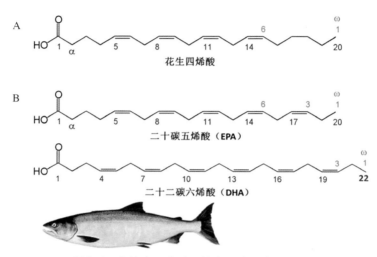

图2.4　人体中几种重要的多不饱和脂肪酸

注：A.花生四烯酸。花生四烯酸是一种长链的ω-6脂肪酸，是人体大脑和视神经发育的重要物质，在促进血液循环系统方面有重要作用，并且衍生许多循环二十烷酸物生物活性物质。B.二十碳五烯酸（EPA）和二十二碳六烯酸（DHA），两种长链的ω-3脂肪酸。EPA是二十碳五烯酸的化学缩写名，在促进血液循环系统、保护心脑血管方面有重要功能。DHA是二十二碳六烯酸的化学缩写名，俗称脑黄金，是神经系统、大脑和视网膜的重要成分。从深海中捕捞的三文鱼，其体内富含EPA和DHA。

　　DHA是二十二碳六烯酸的英文缩写，俗称脑黄金，是一种对人体非常重要的不饱和脂肪酸。它是脑细胞膜和视网膜的重要构成成分，在眼睛视网膜中占50%，在大脑皮层中含量达20%，占大脑总脂肪酸的35%～45%，是神经系统细胞生长及维持的一种主要成分。胎儿期至三岁这段时间宝宝脑部发育最快，脑重可达成年人的80%，因此，DHA对胎婴儿智力和视力发育至关重要。DHA在维护老年人脑部和视网膜健康、延缓衰老方面也有重要作用。DHA还通过激活抗炎症基因的转录因子等代谢途径增强人体的免疫力、减轻炎症及过敏反应。与EPA一样，DHA也具有降低血液中过多胆固醇和甘油三酯含量的功能。

DHA的另一重要功能是氧化人体内的低密度脂蛋白颗粒，对预防动脉粥样硬化和脑血栓有重要作用。

四、类脂、胆固醇和脂蛋白

（一）类脂

人体细胞还以油脂和脂肪酸为基础合成许多更复杂的脂质组分，它们在化学性质上与油脂类似，统称为类脂。类脂是细胞膜结构的基本原料，约占细胞膜质量的50%。

类脂主要有5大类：①磷脂：含有磷酸、脂肪酸和氮的化合物，如卵磷脂、脑磷脂、神经鞘磷脂。②鞘脂：含有磷酸、脂肪酸、胆碱和氨基醇的化合物，如鞘磷脂、脑苷脂、神经节苷脂。③糖脂：含有碳水化合物、脂肪酸和氨基醇的化合物，如甘油糖脂。④类固醇：为四环结构的甾族化合物所衍生的一类化合物，又称甾族化合物。如胆固醇、胆汁酸和各种类固醇激素（如肾上腺皮质激素、雄激素、雌激素、孕激素、维生素D等）。⑤脂蛋白：一类由脂、蛋白质、胆固醇和磷脂等物质组成的一种球状微粒。微粒的内核富含固醇脂和甘油三酯，蛋白质、磷脂和胆固醇包被其外。如血液中的高密度脂蛋白和低密度脂蛋白。

（二）胆固醇

人体利用油脂代谢过程中产生的乙酰辅酶A为起始原料，合成胆固醇。胆固醇是一种类脂，由甾体部分和一条长的侧链组成，它是细胞膜和血浆脂蛋白的重要组成成分，占人体体量的0.2%（图2.5-A）。每100克组织中所含的胆固醇：骨质10毫克、骨骼肌100毫克、肝脏和皮肤300毫克、脑和神经组织2克。胆固醇是最早被发现的甾体，胆结石几乎完全是由胆固醇构成，因此而得名。

胆固醇主要存在于动物的血液、脂肪、脑髓及神经组织中。胆固醇是人体内各种类固醇激素（如孕甾酮、睾丸甾酮、雌二醇及肾上腺激素中的皮质甾酮）以及胆汁酸和维生素D的前体物质，有重要的生理功能。胆固醇在肝脏中合成，与甘油三酯结合构成胆固醇酯，再与载脂蛋白质和磷脂结合形成脂蛋白，通过血管被输送到身体各处，剩余的胆固醇又以脂蛋白胆固醇的形态通过血管回流到肝脏进行分解代谢。被分解的胆固醇大部分可转变为胆汁酸，小部分经肠道内细菌作用转变为粪固醇，随粪便排出体外。胆固醇代谢失调能给机体带来不良影响。血浆胆固醇含量过高是引起动脉粥样硬化的主要因素，动脉粥样硬化斑块中含有大量胆固醇，是其在血管壁中堆积的结果，由此可引起一系列心血管疾病。

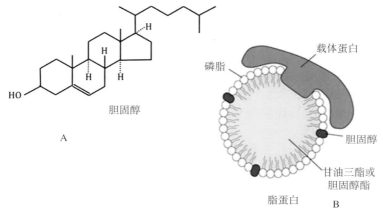

图2.5　胆固醇和脂蛋白

注：A.胆固醇的化学结构式。胆固醇为二十七碳化合物，图下方的4个环为其甾体部分，右上方结合一条长的侧链，左下方结合有醇基团（HO）。B.一个脂蛋白的模式图。中间浅黄色部分表示脂蛋白的内核包含着大量的甘油三酯，或与脂肪酸相结合的胆固醇（即酯化的胆固醇或称为胆固醇酯）。不同的脂蛋白，其内核里胆固醇酯所结合的脂肪酸种类有很大的区别。脂蛋白的外壳主要由磷脂和载脂蛋白构成，也包含着未酯化的胆固醇。

（三）脂蛋白

　　脂蛋白（lipoproteins）即脂质与蛋白质相结合的球状微粒化合物。由磷脂构成的外壳上结合着载体蛋白（图2.5-B），负责将微粒中包含的特定物质以及外壳上包埋的胆固醇运输到目的地。脂蛋白是血脂在血液中存在、转运及代谢的形式。通常用溶解特性、离心沉降行为和化学组成来鉴定脂蛋白的特性。人体脂蛋白大体可分为四类：乳糜微粒、极低密度脂蛋白、低密度脂蛋白、高密度脂蛋白。

　　1.乳糜微粒　　是颗粒最大的一种脂蛋白。食物中被小肠吸收的油脂（甘油三酯）在小肠黏膜细胞中被包被在乳糜微粒中，然后进入血液被输送到肌肉组织和贮存脂肪的组织（皮下脂肪组织、肾脏周围组织）。有些乳糜微粒除了运输外源性油脂，还同时运输与脂肪酸结合后形成的胆固醇酯。

2. **极低密度脂蛋白** 这种脂蛋白在肝脏中生成，将肝脏利用脂肪酸和葡萄糖合成的内源性脂肪包裹起来，进入血液，运输到肝外组织，代谢后转化为低密度脂蛋白。

3. **低密度脂蛋白**（LDL） 低密度脂蛋白在肝脏中生成，也可由极低密度脂蛋白异化代谢转变而来，负责将肝脏中合成的胆固醇通过血管运输到身体的各种组织中。低密度脂蛋白是输送胆固醇的主要载体。一个低密度脂蛋白颗粒中，可运载约2 000个胆固醇分子，其中大部分胆固醇是与饱和脂肪酸相结合的胆固醇酯。低密度脂蛋白可被氧化修饰成氧化低密度脂蛋白。当低密度脂蛋白过量，尤其是氧化修饰的低密度脂蛋白（OX-LDL）过量时，它携带的胆固醇便将沉积于心、脑等部位血管的动脉壁内，逐渐形成动脉粥样硬化性斑块，阻塞相应的血管，最后可以引起冠心病、脑卒中和外周动脉病等致死、致残的严重性疾病（图2.6）。因此，过多的低密度脂蛋白被称为"坏的胆固醇"。体内饱和脂肪酸和反式脂肪酸过高是导致血液中低密度脂蛋白偏高的主要原因。但如果低密度脂蛋白偏低时，胆固醇的转运会减少，也会导致机体营养不良或慢性贫血。

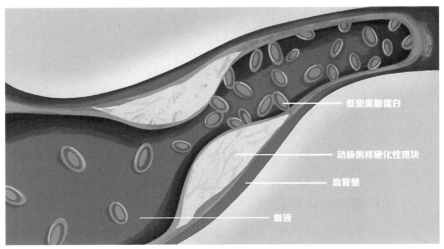

图2.6 低密度脂蛋白胆固醇在血管中的流动和沉积

4.高密度脂蛋白（HDL）　这类脂蛋白的磷脂结合着一些特异的载体蛋白，胆固醇脂上结合着长链的多不饱和脂肪酸，如十八碳的亚油酸和二十碳的EPA。这些特异结构赋予了高密度脂蛋白清除血管中过量胆固醇的功能。高密度脂蛋白在肝脏及小肠中生成后进入血液中。它们的颗粒小，可以自由进出动脉管壁，将沉积在里面的胆固醇等脂质斑块吸附后，携带出血管壁，并"逆向"运回肝脏。在肝脏中，被"押运"回来的胆固醇用来合成新的低密度脂蛋白，因而得到回收利用；而过量的胆固醇则被转化为胆汁酸，最后变成胆汁，经胆道、肠道排出体外。所以高密度脂蛋白是一种抗动脉粥样硬化的血浆脂蛋白，是冠心病的保护因子，俗称"血管清道夫"。高密度脂蛋白越高，患心脑血管疾病的危险性越小。当体内高密度脂蛋白水平较低时，在膳食中多吃高不饱和脂肪酸含量多的植物油，有助于提高体内高密度脂蛋白的水平，降低患心脑血管病的风险。

五、油脂的化学特性和油脂加工

从本章1～4节的介绍可以看到，油脂是各种食物中产生能量最高的食物。菜油的饱和脂肪酸含量低、不饱和脂肪酸含量很高，食用菜油可为人体提供较高的热量。菜油中还含有相对较多的亚油酸和亚麻酸这些必需脂肪酸。人体食用菜油后，不仅可以利用其中高达10%的亚麻酸进一步合成EPA、DHA这一类对大脑和视网膜发育维护有重要功能的"脑黄金"或"眼黄金"，利用高达20%的亚油酸来合成花生四烯酸这种"激素黄金"，食用这些必需脂肪酸还有利于提高血液中的高密度脂蛋白水平，改善心脑血管的健康状况。

虽然菜油中富含营养价值较高的不饱和脂肪酸，必需脂肪酸含量也很可观，但如果不能科学地选购和食用菜油及菜油产品，菜油的营养价值会被大打折扣，甚至会对健康有害。为什么会这样呢？这是油脂的化学特性所决定的。

（一）油脂的化学特性

菜油和其他油脂一样，有以下一些化学特性，使得它较为容易变质变劣。

1. 水解　　油脂在含水量超标（超过0.2%）和其他条件下可以生成游离脂肪酸和甘油：

油脂+水 —→ 游离脂肪酸+甘油

水解后的游离脂肪酸很容易进一步氧化变质，进而产生各种有害物质；或发生聚合，使油的品质变劣。

2. 氧化　　油脂的氧化是指那些游离的不饱和脂肪酸中的C=C双键与空气中的氧气起反应，产生过氧化物：

不饱和脂肪酸+氧 —→ 过氧化物

不饱和脂肪酸的C=C双键愈多，愈容易发生氧化，油酸、亚油酸和亚麻酸甲酯的自动氧化速率分别为1、12和25。脂肪酸氧化后进而降解成挥发性醛、酮、酸的复杂混合物，使菜油变质。这种变质俗称哈喇，也叫酸败。酸败的油脂滋味和气味变坏，营养价值也大大减低，而且长期吃酸败的油脂会对人体产生多方面的危害，如致病、致癌等。

3. 聚合　　水解生成的游离脂肪酸在有氧的情况下还会发生聚合作用，形成凝胶状物质或难溶的固体，使油脂进一步变劣。脂肪酸聚合物可使人体生长停滞、肝脏肿大、肝功能受损，甚至有致癌的危险，因此不能食用。

4. 氢化和反式脂肪酸　　在高温和添加催化剂的条件下，向油脂中加入氢气可以使不饱和脂肪酸"氢化"：

$$\begin{array}{cc} & H \quad H \\ & | \quad | \\ -C=C- +H_2 \to & -C-C- \end{array}$$

氢化后的油脂饱和度提高，在高温下稳定性提高，称为氢化植物油。但在氢化过程中，一部分不饱和脂肪酸中的C=C双键上两个碳原子结合的两个氢原子发生构象变化，从在碳链的同侧变为碳链的两侧，称为反式结构，具有这种结构的脂肪酸称为反式脂肪酸。反式脂肪酸的物理化学性质因其空间构象的改变而发生了很大的变化，过量食用后，会干扰多不饱和脂肪酸的代谢，增加血液中的胆固醇水平，促进动脉硬化，诱导血栓形成，增加心脏疾病的发病率，甚至抑制胎儿的生长发育。一些食品加工企业和食品企业在生产食品过程中使用氢化植物油，其反式脂肪酸的含量必须控制在安全水平。据世界卫生组织统计，反式脂肪酸每年在全球致50万人死于心血管疾病。2018年5月，世界卫生组织宣布五年内全球停用人造反式脂肪酸。

（二）油脂的提炼加工

了解了油脂的化学特性后，我们将从植物油脂的提取工艺、食用油的分级和购买3个方面，介绍油脂是怎样从种子中提取出来的。

1. 植物油脂的提取工艺　植物油一般存在于植物的种子中，需采用一定的物理压榨或化学浸出的方法才能将其抽提出来。压榨油与浸出油相对应，属于两种不同的制油工艺。压榨油的制油工艺是"物理压榨法"，而浸出油的制油工艺是"化学浸出法"。两种油各有利弊，食用油的好坏关键是看生产过程中的操作是否规范，只要符合国家标准就可安全食用。

根据物理压榨的工艺不同，压榨油又有冷榨油和热榨油的区别。冷榨油是在油料压榨前不经加热即送入榨油机压榨，榨出的油温度较低，酸价也较低，一般不需要精炼，经过沉淀和过滤后得到成品油。但食用植物油大多是热榨油，即在榨油前先将油料经过清选、破碎后进行高温加热处理，使油料内部发生一系列变化：破坏油料细胞、促使蛋白质变性、降低油脂黏度等，以适于压榨取油和提高出油率。但高温处理后的油料榨出的毛油颜色偏深、杂质较多、酸价升高，因此，毛油必须精炼后才能食用。同时，高温榨油使油料中的生物活性物质（维生素E、甾醇、类胡萝卜素等）在压榨过程中损失很大。虽然冷榨油原汁原味，是健康生活的一种选择，但是大部分油料并不适合冷榨，以大豆、高芥酸菜籽、棉籽、花生、芝麻为例，大豆油含有的豆腥味、高芥酸菜籽油中的辛辣味、棉籽油中的棉酚毒素和变质油料中的黄曲霉毒素等，都必须经过精炼才能去掉。而芝麻油、花生油和菜籽油的香味，又必须经过热榨工艺才能得到。一般来说，对含油量高的油料多采用压榨法工艺取油，如菜籽、芝麻、花生等；对含油量低的油料多采用浸出法取油，如大豆等。

2. 精炼油与毛油　许多小的油脂作坊采用热榨法物理榨油后，并不对毛油进行精炼就进入销售市场，这是不可取的。这些未经精炼的粗榨毛油颜色较深，流动性稍弱，是因为毛油中含有各种杂质，如磷脂、蛋白质、蜡、饼末、种皮以及其他不溶于油的油脚固体物等。杂质都是亲水物质，它们会吸收水分，会加速油脂的水解和进一步的氧化变质；杂质的存在有利于微生物的生长繁殖，搁置过久就会不堪食用；这些杂质存在的本身就降低了油的品质。精炼植物油在精加工过程中，不同程度地除去了这些杂质，提高了食用油品质，还使得油更耐贮藏。许多植物油加工企业在包装精炼植物油时，还在包装瓶的瓶颈里填充了氮气，将油与空气隔绝开来，使得油在贮存过程中更不容易氧化。

3. 食用植物油的4个等级　我国按植物油的精炼程度将食用植物油分为4个等级。一级油和二级油的精炼程度较高，经过了脱胶、脱酸、脱色、脱臭等过程，具有无味、色浅、烟点高、炒菜油烟少、低温下不易凝固等特点，有害成分的含量较低，如菜油中的芥子苷等可被脱去，但同时也流失了很多营养成分，如胡萝卜素和维生素E等均会流失。三级油和四级油的精炼程度较低，只经过了简单脱胶、脱酸等程序，油中杂质含量较高，其色泽较深，烟点较低，在烹调过程中油烟大，但由于精炼程度低，同时也保留了部分胡萝卜素、叶绿素、维生素E等。无论是一级油还是四级油，只要符合国家卫生标准，就不会对人体健康产生危害，消费者可以根据自己的烹调需要和喜好放心选用。但对于未进入等级的等外毛油，则需谨慎对待。

六、理性购油和科学用油

（一）理性购买食用油

了解了油脂的化学特性和加工工艺，大家就可以到市场上根据自己的需求和偏好，选购植物油了。可是一进超市，货架上各种合格食用油五花八门、琳琅满目，如何选购呢？

1. 根据个人喜好选购不同加工方式的食用油　不管是热榨、冷榨还是化学浸出油，只要符合国家标准，都可以选购。如果您喜爱菜油的浓香味，可以买热榨油；如果您注重营养价值，可以选购冷榨油或化学浸出油。如果您下橱时经常煎炒油炸，建议您选杂质较少的一、二级精炼油，这种油高温下产生的有害物质相对较少；如果您常做凉拌菜，那么选购二、三级的精炼油，价廉物又美，何乐而不为？

2. 根据食用油脂肪酸组成成分选购　表2.1列出了各类食用油的主要脂肪酸组成，可供我们购油时参考。从饱和脂肪酸的含量看，在各种常用动植物油中，油菜油的饱和脂肪酸含量最低，而棕榈油和两种动物油的饱和脂肪酸含量高达40%～60%。从营养学的角度出发，油菜油自然而然地成为我们的首选。但表中列出了3种油菜油，我们选哪种呢？双高油菜油是改革开放前用种植的双高（高芥酸、高硫苷）油菜品种榨的油，虽然饱和脂肪酸含量仅仅为7％，但由于芥酸含量高，现在已基本退出市场了。双低油菜（低芥酸、低硫苷）是现今广泛推广种植的油菜品种，而高油酸油菜是在双低油菜品种的基础上改变了不饱和脂肪酸组成的新品种，二者均继承了油菜油饱和脂肪酸含量低、不饱和脂肪酸含量高的突出优点。其次，我们要分析一下油中不饱和脂肪酸的成分和比例。大多数动植物油不含或极少含亚麻酸这种重要的ω-3必需脂肪酸成分，而双低油菜油和大豆油均含有10％左右的亚麻酸，足见这两种植物油的优良。但是大豆油的饱和脂肪酸偏高、而油酸含量较低。据研究，食用油中各种不饱和脂肪酸成分，油酸、亚油酸和亚麻酸比例约在6∶2∶1则较为均衡。在这方面，双低油菜油堪称上乘。高油酸菜油中的油酸含量提升到了75％以上，虽然改变了双低油菜油中的脂肪酸均衡比例，但亦增加了油脂的稳定性，可以与橄榄油和茶油比美；如果您偏爱煎炒食物，不妨买回一瓶炒菜用。

表2.1　各类食用油的脂肪酸组成

食用油种类	饱和脂肪酸（％）	油酸（％）	亚油酸（％）	亚麻酸（％）	芥酸（％）
双高油菜油	7	17	13	10～11	41
双低油菜油	7	61	21	11	0～2
高油酸油菜油	7	75～85	10	＜3	0～2
向日葵油	12	16	71	少	0
玉米油	13	29	57	1	0
橄榄油	15	75	9	1	0
茶油	7.5～18.8	74～87	7～14	—	0
大豆油	15	23	54	8	0
花生油	19	48	33	少	0
芝麻油	12	39	45	0	0
棉籽油	27	19	54	少	0
棕榈油	51	39	10	少	0
亚麻油	9	20	14	57	0
紫苏油	7	17	16	60	0
猪油	43	47	9	1	0
牛油	60	37	2	1	0

亚麻油和紫苏油为超高亚麻酸含量的非常用食用油，油酸含量过低，长期单独食用容易造成营养的不均衡。但是如果我们长期食用的油是缺乏亚麻酸的其他食用油（如玉米油、芝麻油、橄榄油和猪油），则可以添加购买亚麻油或紫苏油，以补充 ω-3 必需脂肪酸的不足。

（二）妥善保管菜籽油

　　一壶植物油，少则1斤多则几公斤，几个月才能食用完，如何科学地存放它而不至于变质，也是有学问的。油脂存放有三原则，即短期、低温、避光。尤其是菜籽油，不饱和脂肪酸含量高达90%以上，如果我们购回了的精炼菜籽油，即使其加工质量达到了一、二级，但要是存放不当，菜油也会发生水解、氧化、聚合不良的化学反应，降低油的品质。为了防止油脂的水解和酸败变质，买回瓶装的新鲜菜油后，打开了包装就要及时食用，小家人口最好买小包装的菜油，以便在较短的时期内食用完。油瓶上写的"保质期××个月"（一般是18～24个月），是指油脂密闭在油瓶内的保质期限，一旦揭开油瓶盖，油与空气及空气中的水分直接接触，油瓶上的"保质期"就不管用了。油瓶应放置在温度较低的地方，避免炉灶等热源和日光直射；夏季休假外出，最好将油壶放到冰箱里，以免油脂酸败。

（三）科学使用菜籽油

　　即使我们选用了新鲜优质的植物油，如果烹饪不得当，结果也可能会是优质"劣食"。厨房用油也有三原则：看油做菜、慎用高温、一次用完。俗话说"看菜吃饭"，我们这里说"看油做菜"，是指做不同的菜时，首先要选择不同的油。做凉拌菜或色拉时，宜选用菜油、橄榄油、向日葵油、玉米油、紫苏油、芝麻油或大豆油。这些植物油里的亚油酸和亚麻酸含量高，做凉拌菜吃，既风味鲜美，又富于营养。而炒菜时，则宜选用油酸含量高、亚油酸和亚麻酸含量低的油，如茶油、菜油和高油酸菜油。这3种油的油酸含量在60%以上，而油酸的氧化变质速率，在常温下仅仅为亚油酸和亚麻酸的1/12和1/25，在高温下，这个比率就更低了。即使用上了高油酸油，也得"慎用高温"，炒菜时的温度宜控制在170～200℃。当温度升到250～300℃时，就会产生毒性较强的脂肪酸聚合物以及一些有害的过氧化产物。不过怎么得知温度有多高呢？简单而言，就是烹饪时油不宜冒烟，特别是冒浓烟。所谓"一次用完"，是煎炒菜肴时不要倒入过多的油，而要一次性用完锅里的油。有的家庭喜欢将高温加热过后的多余植物油反复使用，反复煎炸食品。殊不知加热油的温度愈高，加热的时间愈长，加热的次数愈多，则生成的有害物质愈多，营养价值愈差。

市面上出售的一些煎炸食品，如传统的炸油条、炸麻花、炸面窝、炸肉丸子，西式的炸薯条、炸鸡块、炸糕、蛋糕、饼干等，香脆可口，十分诱人。如果在入口之前，能知道加工这些食品时使用的是什么油，这些油是否被反复使用，反式脂肪酸是否超标，吃起来就更放心了。

图2.7 健康油与劣质油

第三章

油菜浑身都是宝

油菜的一生，历经出苗、成株、开花、结荚、收获等阶段。播种入土的油菜籽经吸水萌动、伸出绿油油的嫩苗后，便沐浴阳光雨露，吸收大地精华，陆续地长叶、抽薹、分枝，逐渐发育为枝繁叶茂、亭亭玉立、含苞待放的植株。然后慢慢地、慢慢地绽放出一簇簇金黄色的花朵，散发出一缕缕沁人心脾的清香，引来蜂鸣蝶舞，结下青荚绿珠。待荚果黄熟后，种子被收获归仓榨油，秸秆被粉碎入土沤肥，油菜长达数月的生涯才告结束。在油菜的一生里，不管是旺盛生长时的绿叶青枝，游人纷至时的香花甜蜜，还是成熟时的枯槁落樱，收获加工后的黑籽油渣，都有重要的价值。可以毫不夸张地说：油菜浑身都是宝！

一、种子

（一）油菜种子富含优质油脂

油菜种子由胚珠受精后发育而成，长在由雌蕊子房发育而来的角果中。每角果里有20粒左右，也叫油菜籽。成熟的油菜籽溜圆，比绿豆小（直径1.2 ~ 2.0毫米，千粒重约4克），但颜色暗黑、红褐或黄色，宛如一粒粒珍珠（图3.1）。从一株油菜上大约可收获上万粒油菜籽，一亩地则可收获菜籽100 ~ 200公斤。油菜籽富含油脂，经烘炒、碾细和蒸制制成圆饼后，在榨机中榨出橙黄色、不透明、有菜腥味的毛油，再经精炼、过滤澄清后，成为淡黄色、透明无腥味、品质优良的食用菜籽油。经机械压榨后的油饼，尚含油脂10%左右，如先用机械粗榨，再用正己烷浸提，油粕中残留的油分可降至1% ~ 3%，50公斤菜籽可出油20公斤以上。菜油中不饱和脂肪酸含量在90%以上，是优质食用油。

全球种植油菜面积5.25亿亩，年产菜籽7 000万吨，榨取菜油2 800万吨，是世界上第三大食用植物油。油菜在我国则是第一大油料作物，种植面积约1亿亩，单产接近世界平均水平。

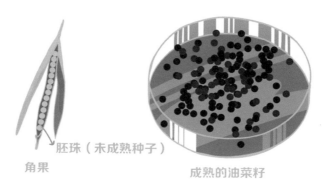

胚珠（未成熟种子）

角果   成熟的油菜籽

图3.1　油菜籽

由于世界食用植物油市场日趋饱和，欧洲已经将很大一部分菜籽油经化学加工制成生物柴油。生物柴油与石化柴油相比，其含硫量低，用于拖拉机、卡车、船舶等可使二氧化硫和硫化物排放大大减少，是一种较为洁净的可再生能源。传统的菜籽油（双高菜油）中芥酸含量高，加工成芥酸酰胺后可用来制取各种表面活性剂、润滑剂、增塑剂、乳化剂等，是应用范围广泛的优良精细化工产品。

（二）榨油后的残渣也是宝

油菜籽榨油后剩下约60%的残渣，称为菜籽饼。菜籽饼含蛋白质35%～40%，氨基酸也比较平衡，是家养动物的优质蛋白质源。传统的油菜种子中含较多的硫代葡萄糖苷（简称硫苷，每克种子约含硫苷120微摩尔），当这种菜籽饼作为饲料时，硫苷在芥子酶或水解酶作用下分解形成各种有毒产物，使家畜特别是猪、鸡等单胃畜禽的甲状腺肿大，并导致代谢紊乱。正因为如此，传统油菜收获的菜籽榨油后，饼粕都是用来作肥料的。研究表明，改良后的双低油菜籽中硫苷含量降至2～30微摩尔/克，在生长育肥期的猪日粮中，添加10%的双低菜籽粕可以得到好的生长性能。双低菜籽饼也可添加到喂养鸡、牛、鱼等动物的饲料中，微生物发酵后的菜籽饼更佳。

二、花

（一）好一朵精美的油菜花

一朵油菜花简直就是一件艺术品。油菜花着生在花柄的膨大顶部即花托上，由四轮花器官组成（图3.2）。第一轮有4个绿色的花萼，它们在花朵开放前护卫着幼小的花蕾。第二轮是四瓣金黄色的花冠（也称花瓣），上面有着精美的纹路，张开后成典型的对称十字形。第三轮是6枚雄蕊，因囊中包含成千上万的花粉而呈淡黄色，簇拥着浅绿色的雌蕊。雌蕊居中呈酒瓶状，顶端膨大为柱头，是接受花粉的地方，下部子房中含有几十粒晶莹的胚珠。胚珠受精后发育为种子，整个雌蕊则发育为角果。摘去花瓣细看，花托的雄蕊旁还有4个小小的绿色突起，那是油菜花的蜜腺，负责分泌甜甜的花蜜，还散发出淡淡的花香。

图3.2　油菜花

（二）壮美的油菜花海

油菜花柄的基部着生在总花柄上。总花柄由主茎或枝条顶端分化而来，称为花序轴，花序轴一边生长、一边离心地产生花蕾，它们的集合称为花序。常常是花序下面的花开放结籽了，上面还有花蕾在形成，是典型的无限花序，可开出上百朵花。一株油菜有六七个枝条、七八个花序，从上到下可有近千朵花陆续开放，花期可达一个多月。一朵黄色的小花并不起眼，一株开满了黄花的油菜也不会引人注目。但油菜是一种大田作物，一亩地大约播种一万多株，连片种植的油菜地通常可达上百、上千乃至上百万亩（图3.3）。一到开花时节，油菜地是何等去处

图3.3 壮美的油菜花海

啊？放眼那怒放的油菜花，如云如海、如金如玉。侧耳细听那蜂鸣声和枝叶摇曳声组成的交响曲，如潮如浪、如歌如诉。闭目深吸那扑面而来蕴含花香的清新空气，则如醉如痴、如幻如梦。当世界从祈求温饱的年代进入了追求美好生态环境的时代，油菜也不仅仅是一种油料作物了，同时也是令人赏心悦目的景观作物。

（三）何时何处看黄花？

油菜性喜冷凉、适应性极广。不论是高山平原，还是海南天北，不论是阳春盛夏，还是岁末年初，只要让她在气温较低时孕育花蕾，一旦大地回暖，它就能绽放花朵、散粉结籽。这主要是因为我国大地上种有两大类油菜：冬油菜和春油菜。南方的油菜秋播夏收，在生长期间要越过一个冬天才会在气温回暖的春天绽放花朵，这种油菜称为冬油菜。北方冬天气候太寒冷不适宜油菜生长，人们则在春天播种油菜，让油菜在冷凉的初夏由营养生长转化为生殖生长，而在夏天开花结实，这种油菜称为春油菜。我国地域辽阔，从南到北，从平原到高原，油菜花次第开放，因此，一年中的大部分时光都能观赏到油菜花。对此，地理学家单之蔷先生在《中国国家地理》杂志上曾有过精彩的解读，而胡宝成先生则在其新书《不是闲花野草流》中用数百幅精美的图片演绎出了祖国油菜花海的壮观。油菜的花期长短依油菜品种、栽培制度和气候条件不同而变化很大，短则十天半月，长可达7～8周。一般来说，冬油菜和迟熟油菜花期长，春油菜和早熟油菜花期短；开花时气温低则花期长，气温高则花期短。爱好油菜花的朋友，可不要错过时机哟！

三、蜂蜜

（一）蜂蜜和糖

说到蜂蜜，我们的第一感官是"甜"，像糖一样甜，甚至比糖还甜。当人们赞美美好的事物时，也常常用"甜如蜜"来形容，而不说"甜如糖"。那么，糖和蜜是什么关系呢？让我们先从"糖"说起。

糖是植物光合作用的产物，由碳、氢和氧3种无机元素组成。由于它所含的氢、氧的比例通常为2：1，与水的分子式（H_2O）一样，故也称为碳水化合物。碳水化合物是一类有机物。糖一旦生成，太阳能就被转化为化学能贮藏在有机物中了。糖可分为单糖、双糖和多糖。葡萄糖和果糖（分子式 $C_6H_{12}O_6$）均为含6个碳原子的单糖，是自然界分布最广且最为重要的糖，是光合作用的初级产物。植物通过光合作用进一步将一个葡萄糖分子和一个果糖分子通过脱水缩合生成蔗糖，而将两个葡萄糖分子脱水缩合生成麦芽糖（麦芽糖也叫作饴糖）。蔗糖和麦芽糖都是双糖，植物以它们为基础可继续聚合为含众多单糖分子的多糖，如淀粉和纤维素。单糖和双糖都有甜味，但甜度十分不同，其中果糖最甜，麦芽糖次之。如果将蔗糖的甜度定为1，则果糖：蔗糖：葡萄糖：麦芽糖 = 1.8：1：0.7：0.5。不同种类的糖混合时，对其甜度有协同增效作用。

再说蜂蜜，成熟的蜂蜜含有高浓度的果糖和葡萄糖，二者比例大致相当。由于果糖的高甜度和两种糖混合的增甜作用，蜂蜜自然就比我们通常所吃的蔗糖（白糖和红糖均为蔗糖）和饴糖甜得多了。

（二）蜜蜂是如何酿蜜的？

油菜花不仅对人类具有极高的观赏价值，美丽的花色和阵阵花香也吸引着成群的蜜蜂去采蜜。古人创造"蜂拥而至"这个词时，其灵感大概是由此而来的吧！

油菜花刚刚分泌出的花蜜，主要成分是蔗糖，含水量很高，约80%。尝上一口，略有一丝甜味。但蜜蜂借助于触角，早已闻出花香找到花蜜。它们用口器上纤细的吸管将花蜜吸进第二个胃（蜜囊）中，同时分泌含转化酶的涎液于花蜜里，蔗糖的转化过程也就从此开始。蜜蜂采蜜归巢时，其蜜囊中花蜜的含糖量约为45%。采蜜蜂归巢后将蜜汁吐出，给内勤蜂酿制。内勤蜂将蜜汁吸到自己的胃里再吐到张开的口中，如此反复吞吐100多次。在此过程中，一方面蜜汁里加入了更多的转化酶，加快了蔗糖的转化；另一方面，蜜珠的蒸发面扩大，加速了水分的蒸发。此外，部分蜜蜂加强扇风，排除巢内湿气，使蜜汁很快浓缩。酿制过程结束时，蜜汁含糖量约60%。酿蜜工蜂将蜜汁暂时存放在巢房里，而蔗糖转化及蜜汁浓缩过程继续进行着。大约又历时一周，蜂蜜成熟。成熟的蜂蜜含糖量可高达75%，主要含葡萄糖和果糖，仅剩1%～4%

的蔗糖未被转化。如果这时再尝上一口经过蜜蜂精心酿制的油菜花蜜，就会真正体会到什么叫"甜如蜜"了。

（三）油菜花蜜的营养价值

花朵分泌出的花蜜经蜜蜂采集酿造后，不仅十分"甜蜜"，更具有很高的营养价值和保健作用。油菜花蜜的葡萄糖和果糖的含量高达77%，居于被研究的25种蜂蜜之首，其中葡萄糖含量为42%，比第二名（41%）和最后一名（28%）分别高出1个和14个百分点（资料来源：百度-蜂蜜）。与普通白糖（主要成分是蔗糖）不一样，葡萄糖和果糖不需要经人体消化即能直接被人体肠壁细胞吸收利用，因此不会加重胃肠负担，这对于儿童、老年人以及病后恢复者来说尤为重要。除富含葡萄糖和果糖以外，在油菜蜂蜜中已鉴定出的其他物质达180种，主要有：维生素（尤其是B族维生素）、有机酸（如葡萄糖酸、柠檬酸和乳酸等）、矿物质（有钾、钙、磷、镁、铁、铜等）、酶（主要是蔗糖酶，还有淀粉酶、葡萄糖氧化酶、还原酶、转化酶、磷酸酶、类蛋白酶等）。酶是一类有生理活性的蛋白，蜂蜜中的酶源于蜜蜂唾液，是蜜蜂在酿蜜过程中添加进去的，也是蜂蜜营养价值较高的一个主要标志。

据蜂农介绍，蜜蜂飞行距离约1千米，油菜开花季节平均每亩地可放养一箱（5个巢脾）蜜蜂，产蜂蜜10公斤，创造价值数百元。据统计，油菜蜜是我国的最大宗、最稳产的蜜种，占全年蜂蜜总产量的40%以上。

四、花粉

蜜蜂不仅采蜜，而且采集花粉。蜜蜂体表覆盖着茂密的短毛，当蜜蜂在花朵内爬来爬去时，花粉粒就沾在其短毛上。蜜蜂的两只膨大后脚跗节外侧各有一条凹槽，周围绒毛密布构成一对"花粉篮"。当蜜蜂身上沾满花粉后，就用其后脚跗节上的"花粉梳"将花粉梳下，收集在"花粉篮"中，并用花蜜将花粉固定成小球状（图3.4）。返回蜂巢后，每只蜜蜂卸下两个小"花粉球"，"花粉球"再被蜜蜂用花蜜和唾液混合成较大的花粉团，储作主食。蜂农则将花粉团取出，晾干后出售，称为"蜂花粉"。一箱蜜蜂在一个油菜花季节可产蜂花粉20公斤，创造价值数百元。

花粉是植物贮藏精子的器官，浓缩了许多颇具生理活性的物质。

图3.4 蜜蜂采集花蜜、花粉图

注：一只蜜蜂正在从隐藏在油菜花朵深处的蜜腺采集花蜜，后脚的花粉篮里已经挂上了花粉球（红色箭头指示的黄色球状物）。

除了富含蛋白质、脂质、维生素、核酸、微量元素等营养物质外，还普遍含有黄酮类化合物。黄酮类化合物具有调节人机体功能、增强新陈代谢的作用。与其他植物花粉不同，在油菜花粉中还检测到葡萄糖苷、吡喃糖苷、呋喃衍生物和谷甾醇等。在医学上，油菜花粉已成为治疗前列腺炎的有效药物，甚至作为保健食品食用。但油菜花粉中这些特有的生理活性物质是否与其药效有关，还有待研究。由于蜂花粉中混有花蜜和蜜蜂唾液，其营养价值应该比纯粹的植物花粉更有营养价值。

　　花粉具有坚硬的外壁，需破壁才能使其内含物被释放出来，因此，市面上出售的油菜花粉大多为破壁花粉。笔者曾购买非破壁花粉，用"低渗"法食用。即用一杯温开水搅兑少许油菜蜂花粉，静置半小时后饮用。

五、营养器官

　　油菜在获得了充足的营养后，才能够开花、坐果、结籽，这就少不了根、茎、叶以及角果皮这些制造营养的器官。根生长在地下，吸收水分和氮、磷、钾、镁、硼、硒等矿物质营养，通过茎秆运往油菜的地上部器官。油菜地上部的青枝绿叶、幼嫩角果都是光合器官，它们不断地将二氧化碳和水转化为碳水化合物（也称为光合产物）和氧气。油菜的碳水化合物分布在根、茎、叶、花瓣、角果和种子中。一亩油菜一生制造约1.1吨碳水化合物，同时制造出约1吨氧气。

油菜最先制造出来的碳水化合物是葡萄糖，然后以葡萄糖为基础，生成果糖和更为复杂的蔗糖、淀粉、纤维素，以及油脂等许多种类的糖的衍生物。油菜的各种器官还通过许多种复杂的生物化学反应，将从根部吸收到的氮、磷、钾等无机物与糖结合在一起，生成蛋白质、磷脂等物质。因此，在油菜的营养器官中除了含大量的碳水化合物和蛋白质等营养物质外，还含有氮、磷、钾及其他矿质元素。显然，油菜的营养器官不仅仅是孕育鲜花和种子的母体，也可以作为饲料和肥料加以利用、作为绿色覆盖物保护生态环境，也具有重要的经济价值和生态意义。

（一）鲜美的油菜薹

在芸薹属蔬菜中，有一类叫作"菜薹""菜尖"或"菜心"的菜，主要是采自白菜幼嫩的薹茎。甘蓝型油菜的薹茎在幼嫩时也可以作菜薹食用。油菜育种家培育的一些油-菜两用品种，不仅仅可以在初夏植株成熟后取籽榨油，还可以在冬、春季节三番两次地摘取其鲜嫩肥美的薹茎食用，口感甜脆，营养丰富。农民从一亩油菜地里摘取250～500公斤油菜薹，可收入上千元；夏收油菜籽100公斤以上，菜、油双丰收。

（二）畜禽的优良饲料

油菜鲜嫩的枝叶可供畜禽食用，是一种良好的饲料作物。在甘蓝型油菜的起源地——欧洲，油菜首先就是被用来饲喂牛羊的，随着人们对油脂需求的增加才逐步被培育为油料作物。我国从20世纪末开始研究油菜的饲用途径，经过十多年的努力，选育出了优质高产的饲料油菜品种和适宜在盐碱地种植的油菜品种，摸索出了一套饲料油菜的丰产栽培措施和用饲料油菜科学喂养畜禽的方法。

饲料油菜生长快、长势强，枝叶繁茂，在北方麦后复种和南方冬闲田秋播的条件下，一亩饲料油菜的鲜重产量可达3～5吨，比豆科牧草高1～2倍。饲料油菜适口性好，蛋白质含量与豆科牧草相当。在每头牛的日饲料中添加3～5公斤新鲜饲料油菜，能显著提高肉牛日增重和奶牛产奶量。与其他精饲料相比，用饲料油菜喂养猪、羊、鸡，均能提高产肉量或产蛋量，且节约成本。

我国地域广阔，种植饲料油菜时，可以根据各地的气候环境和生产条件，或春种或秋播。用饲料油菜喂养畜禽的方法也可以十分不同。可以随割随喂，也可以将油菜地作为草地放牧牛羊。北方冬天寒冷，可以在深秋将饲料油菜割回放置在室外的"天然冰库"进行冷藏。对于大的畜牧饲料企业，也可将饲料油菜加工成青贮饲料后，进一步运输或贮存。我国北方近年利用小麦收获后的秋闲地播种油菜，2～3个月后收获绿色体喂养牲畜，变非采收的茎叶为优质饲料。这样既不影响粮食生产，又解决了冬春青饲料短缺问题。

（三）培肥地力改良土壤

人们仅仅收获了油菜的籽实，蜜蜂也只采走了油菜的花蜜和花粉，大地则攫取了油菜合成的绝大部分物质：衰老的叶片和飘落的花瓣都自然地落入土中，秸秆和角果壳在油菜收获时被机器粉粹而散落于土中，根则自然残留在收获后的土壤中。这些非采收的营养物质不仅基本平衡了栽种油菜所消耗的土壤养分，还能防止土壤板结，改善土壤结构，有利于油菜田的水土保持。另外，油菜根系分泌的有机酸能溶解土壤中难以溶解的磷素，提高磷的利用效率。土壤得到改良了，农业的可持续发展就有了根基。我国南方有利用秋收后的冬闲田种油菜作绿肥的习惯。越冬后尚未结荚的油菜植株含氮量很高，春天将油菜幼嫩枝叶直接翻耕到地里用作绿肥，可以较好地培育地力。

甘蓝型油菜耐盐碱能力很强。与种植在盐碱地的牧草、玉米等饲料作物相比，筛选出来的饲料油菜品种生长快、长势强，枝叶繁茂高大，鲜草产量高，且粗蛋白产量也很高。新疆石河子大学在盐碱荒地（盐碱浓度0.6%，pH 10.2～11.2）于麦收后大面积复种油 - 饲两用优良品种华杂62，2.5个月后亩产饲料油菜超过4吨。由于饲料油菜的绿叶迅速覆盖了地表，减少了盐碱地的水分上移蒸发，使盐分上移得到抑制，从而使土壤得到修复。

（四）绿色覆盖抵御风沙

我国南方温暖多雨，年降水量大多在 1 000 毫米以上。北方则寒冷干旱，北纬 35° 以北（不包括黑龙江）的广大地区，年降水量仅 40～800 毫米，极端低温为 −46～−15℃，称为旱寒区。我国国土陆地总面积的 27.3% 为荒漠化土地，主要集中在旱寒区。旱寒区生态环境恶劣：冬季严寒，种不了庄稼，地表缺乏植物覆盖；春季干旱多风，致使沙尘暴频繁，农田土壤风蚀严重。近年来我国科学家培育了一种能在旱寒区 −30℃ 的低温条件下生长的冬油菜。秋季播种后，抗旱寒油菜在北方良好的光热条件下迅速生长，植株在冬前能长出 10 多片绿叶而在土壤表面形成较厚的绿色覆盖层。发达的根系深入土壤中，将油菜植株牢牢地固定在旱寒区的大地上。旱寒区冬季缺乏冰雪覆盖，地表温度常常在 −20℃ 以下，叶片均被冻死，但抗寒油菜内陷的茎尖生长点藏于土表之下而免遭冻害。叶片虽被冻死，但其基部直至春季来临时仍然与茎、根相连，覆盖层依然故我地呵护着大地，只是由绿色变为了黄色。随着春季气温逐渐升高，绿叶从茎尖生长点吐出并从膨大的根茎中获取其贮存的丰富养料，油菜地很快由黄转绿，到春末夏初的 5 月又形成一片金色的花海。6 月北方是冬油菜的收获季节，除每亩可收 200 公斤菜籽外，枯秆残根皆入土中。从头年 10 月苗期到次年 6 月收获的 8 个月的时间内，在北方旱寒地区 400 万亩的地表上，抗旱寒油菜上演着绿—黄—绿—黄的颜色变幻同时，筑起了厚达 5～150 毫米的立体植物覆盖层。据统计，春季裸露地表的起沙量为 65 克/（分钟·米），而有冬油菜覆盖地的起沙量仅为 0.3 克/（分钟·米），降低了 200 多倍。抗旱寒冬油菜的种植有效地阻止了北方旱寒区的生态恶化。

油菜，穷其一生，榨出了优质香油健体，开出了花海美景诱人，溢出了甜美蜜汁美食，产出了枝叶喂饱牛羊，残根败叶油渣肥田，为种田人、养蜂人、牧羊人等创造出了不菲的经济价值。油菜，不仅仅是重要的油料作物，还是十分重要的经济作物和生态作物。

第四章

怎样种油菜

　　种上一片油菜。待枝叶招展、绿波荡漾出新鲜氧气时，深吸一口，清心养肺，心旷神怡；开花时油菜地由绿转黄，变成一片金色云海，蜂缠蝶绕，美不胜收；成熟时每亩可采收数百斤富含优质油的菜籽，种之者增收，食之者增寿；收获后满地的枯槁落叶和盘绕在地下的残根，还是宝贵的有机质，可变贫地为沃土，化腐朽为神奇。种油菜乃如此之美事，何乐而不为呢？

　　那么，怎样才能种好油菜呢？这并不难，如果我们的主要目的是收获种子榨油，只需把握好以下环节即可。

一、选种：买回对路的种子

　　油菜有各式各样的品种，它们适应不同的种植环境，有着不同的用途。因此，我们需根据自己种油菜的目的和所处的地理环境，选择合适的油菜品种，然后从商家买回对路的种子。

　　除了将油菜用作饲料和绿肥外，我们种油菜的主要目的是要让它能够开花结实。因此，种子种下去后能不能开花以及何时开花，是购买种子时首先要考虑的问题。油菜的开花特性有以下三点。

（一）冬、春性

　　冬性品种播种后需经过一个低温阶段（这个过程称为春化），至次年才能现蕾、开花、结实。原产高纬度地区的冬性品种对低温要求较严格，需在 0 ~ 5℃ 的低温下经 20 ~ 40 天才能通过春化，否则不能现蕾开花。半冬性品种对低温要求不严格，在 3 ~ 15℃ 时经过 20 ~ 30 天即可。因此，如果您生活的地方冬天较冷，又希望在春天能看到油菜开花，则宜根据贵地冬天的寒冷程度，选购适宜的冬性油菜品种，在秋天将种子播下。春性品种不需要通过低温春化，因此，如果您生活的地方冬天温暖如春，夏天又不是很热，则可购回春性品种，一年四季均可播种，季季都可以看到油菜开花。如果您生活的地方冬天很冷，您又希望在凉快的夏季看到油菜开花，则可选购春性品种，在春回大地时择机播种。

（二）长、短日照

不同油菜品种对日照长短的敏感度不同。所谓日照，是指一天当中从太阳东方升起到西边落下的小时数。大多数油菜品种对日照长短不敏感，长日照和短日照条件下均能开花。但有些春性品种对长日照较敏感，故在日照时数很长的夏季才开花；如果秋天播种春油菜，即使经过了漫长的冬季，也要等到草长莺飞的阳春三月，日照变得较长时，才能够开花。

（三）生育期

油菜的生育期（从播种到种子成熟的天数）长短与开花早晚关系密切。冬性品种生育期较长，为170～250天，开花期也较长。春性品种生育期较短，有的品种春播一个月后就可开花。油菜种子包装袋上，一般都有该品种生育期长短的说明，可以据此推测其开花期，当然也可以据此推测何时能够收获种子。

要想获得较高的种子产量，除了了解清楚油菜品种的开花特性外，还应选购较高产的品种。一般来说，杂交种的种子产量要比非杂交种高10%～30%。因此，虽然杂交种的种子要比非杂交种的种子贵一些，还需要年年买种，但由于种杂交种可以高产，其效益还是要比种非杂交种高出许多。

二、播种：播下希望的种子

买回对路的种子后，就要择时播下希望的种子了。希望什么？如果希望种子能很快发芽、出苗，就要了解什么是萌发和出苗，以及什么条件下油菜种子才能较好地萌发和出苗。

萌发，是指从圆圆的种子两端中分别长出幼根和幼芽，因此也称为发芽。而出苗是指幼芽从土壤中钻出后，向两侧平伸出两张幼叶。由于这两张幼叶是从种子中带来的，因此被称为子叶。这时，种子就变为了一个幼苗。种子萌发不需要肥料，只要求适宜的温度和水分。萌发的最低温度为3℃；在15～20℃下，如果有足够的水分，1～2天即可萌发，3～5天即可出苗。种子发芽要求较多的水分，土壤水分至少要达到其最大持水量的60%、种子吸水要达到种子干重的60%，才能萌发。萌发出的幼根向地下生长继续吸收水分，而幼芽则向上伸长，直至长出地面。种子出苗前消耗其自身贮存的养料而供幼根幼芽生长。出苗后，两片子叶见到日光后变绿，表明其叶片内已经形成叶绿素进行光合作用，小小的幼苗则可以不依赖于种子所提供的营养，自己制造和吸收养分来进行快速的生长了（图4.1）。

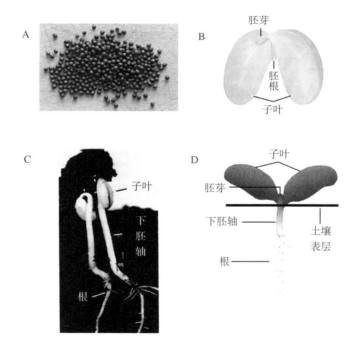

图4.1　油菜种子萌发出土过程

　　注：A.油菜种子；B.种子去掉种皮后，展示种子内成熟种胚的各个部分；C.种子在土壤中萌发胚根和下胚轴伸长，子叶尚未张开；D.种子长成幼苗伸出土壤表面，子叶张开接受阳光。

了解了油菜的种子萌发和出苗的过程及所需的条件，就可以考虑播种的事情了。油菜有两种播种方式：（1）先将种子集中播于苗床中，待种子出苗后再移栽到种油菜的田间地里，称为苗床育苗。（2）将种子直接撒播到油菜地里，称为大田直播。

　　苗床育苗　先选好苗床地。一亩苗床可以供5亩地的油菜苗。苗床地要靠近离水源和将要移栽幼苗的油菜地。整好苗床施足底肥后，将种子均匀地撒播于苗床表面。每亩苗床地的播种量约为0.5公斤。播种后可用细碎土或草木灰薄薄地覆盖苗床面。如果苗床土壤较湿润，可在表面覆盖稻草麦秆等物后再适当浇水；如果苗床较干旱，则可将水灌进苗床四周的水沟中，让水慢慢将苗床浸润，不要直接向苗床面泼水，以免冲走种子和板结土壤的表面阻碍幼苗出土。

　　大田直播　首先要根据自己的目的需求确定地块。如果想获得高产，最好选上个季节或头年未种过芸薹科作物的地块，这样可以减轻病虫危害。油菜的主要病害有病毒病、菌核病、霜霉病、黑胫病、根肿病。除病毒病是蚜虫传播致病外，其余均为土传病害。轮作是减轻土传病害的有效途径，对根肿病还宜采用3年以上的轮作地。如果你种油菜不光是为了收种子，还要兼顾观赏游览的话，则可将油菜地安排在家附近或大路边。直播选地同样要考虑水源。大田直播的油菜比苗床的油菜生长期长，更要施足底肥。整好地、施足肥后，就可根据天气情况和墒情择日播种了。直播的用种量每亩约为0.2～0.3公斤，可以因地制宜进行人工点播、条播或撒播，有条件的地方可进行机器播种。如果墒情缺乏，要根据当地条件或气候特点，在播种前后进行灌溉或浇水，但原则是保持湿润土层的深度在10厘米以上，而土壤表层又不板结，以保证种子顺利萌发、扎根和出苗。无论是育苗还是直播，从娘胎里带来的两片子叶伸出并向两边展开时，即谓出苗。

三、管理：种出称心的油菜

　　油菜出苗，喜在眉梢。但是要种出称心如意的油菜，还得下一番功夫。因为从出苗到收获种子，油菜还得经历四个时期，即苗期、现蕾抽薹期、开花期和角果发育成熟期。每个时期不仅其时段都比播种到出苗的时期长，每一个时期的油菜还都有不同的生理特征，经历着不同的环境条件，需要有不同的栽培管理措施。

（一）苗期

出苗一周后，新生叶从茎尖长出，称为真叶。新的真叶随后陆续长出并长大，直至开始现蕾抽薹。这一段时期称为苗期。春油菜的苗期约一个月，可长出5～6片真叶；冬油菜的苗期从秋天持续到早春，长达100多天，可长出十多片真叶。前两三片真叶长得很快，2～3天即可长出一片具长柄的叶，营养体迅速扩大。长到4～5片真叶后出叶速度减慢。因此，在油菜出苗后一周后，就要及时间苗，即将多余的苗拔除，让留下的幼苗有自由生长的空间，以免幼苗相互挤在一起影响生长。间苗的原则是去小留大、去弱留强，使叶不搭叶。一般苗期要间苗2～3次：第一次间苗要早，在幼苗长出第一片真叶时即要间苗；以后每长一片叶就间一次苗，苗床育苗时直至幼苗移栽，大田直播的油菜直至田间定苗。

幼苗在苗床里长到3～4片真叶、苗龄30～40天时，即可移栽到大田。供移栽的大田同样宜选上个季节或头年未种过芸薹科作物的地块，以减轻病虫危害。移栽前一周应打一次药，以免将病虫害带到大田去。移栽前一、两天可施一次兑了1%尿素的水。这样做一来可使苗床湿润，便于从苗床拔苗又不大伤根；二来幼苗带肥，移栽后可较早返青。要按照一定的株行距将幼苗移栽到大田，一亩地大约栽苗1万～2万棵。直播的冬油菜在4～5片真叶时定苗，每亩2万～3万棵；春油菜生长期短，每亩可定苗3万～10万棵。

苗期地上部长叶，地下部长根。这段时期根系扩展也很快，因此需肥较多。直播或移栽苗的大田要施足底肥，氮、磷、钾配合使用的合理比例为1：0.35：0.95。南方缺硼的土壤还要施硼肥。油菜苗长到具有6～7片长柄叶时，株、行相邻的油菜叶片相互交叉，只见油菜叶不见地表，称为"封行"（图4.2）。此时油菜地里一片翠绿，甚是可爱。但嫩绿的幼苗也会招惹病虫害，特别是蚜虫、菜粉蝶和小菜蛾等害虫，要注意防治。

图4.2 苗期油菜（赵坚义 提供）

（二）现蕾抽薹期

蕾是幼小尚未开放的花，从茎尖生长点分化发育而来。在油菜苗期，茎尖先是不断分化出幼叶，这些幼叶进而发育成宽大的绿叶。这些绿叶的任务是进行光合作用，为油菜苗制造养料，因此油菜苗期的前期生长称为营养生长。在幼苗已经长出足够多的大叶片时（10片左右），茎尖生长点停止分化幼叶，转而分化花蕾，为开花结籽做准备。当花蕾发育长大到肉眼能够看见时，我们称之为"现蕾"。这时的花蕾由花萼包被，因花萼是绿色的，因此幼小的花蕾为绿色。绿色的花蕾长大以后，里面的花瓣逐渐长出，超出花萼，花蕾的外形就主要体现花瓣的黄色了。这时的花蕾仍旧呈闭合状，直到开花。花蕾的集合称为花序。油菜为无限花序，意思是只要营养条件允许，茎尖生长点就可以不断地由下而上进行花蕾的分化、发育。在实践中，一个花序可以包含几十甚至一二百个花蕾。

随着花蕾的分化，油菜茎的节间开始伸长、茎逐渐高出叶面，称为抽薹。从现蕾抽薹到油菜的第一朵花开放，这一生长时期称为现蕾抽薹期。在这个时期，油菜苗进行着旺盛的生殖生长：主茎上已长出的花蕾不断长大，新生花蕾又不断长出；主茎也不断往上生长，着生在其上的叶片也随之远离地表而逐渐升起，拱托着主茎顶端主花序上的一盘绿色花蕾；主茎周边还分化出数个侧枝，侧枝也尾随主茎分化花蕾，并带着其上的叶片和花蕾向侧上方生长，与主茎上的花蕾交相辉映（图4.3）。一眼望去，此时的油菜地：芸芸青枝舞，亭亭绿薹立，好一派芸薹美景！

图4.3　现蕾抽薹期油菜（赵坚义 提供）

现蕾抽薹期的油菜同时还继续着营养生长。幼叶不断长大、叶面积迅速扩大；主茎迅速伸长增粗，侧枝不断生长，植株体向空间扩展；根系继续扩张、活力很强。因此，此阶段是生殖生长与营养生长并进的阶段。旺盛的营养生长可为主茎和侧枝的花蕾分化提供足够的营养，发育出较多的花蕾；蕾多则花朵多、角果多、种子多，为后期的丰收奠定良好的基础。这一阶段的需水量比苗期要多，北方旱区要适时给油菜地浇水。

（三）开花期

植株主茎的主花序上，长在最下端的花蕾发育最早，也最先开花。当这朵花的花瓣开张时，就标志着油菜进入了开花期。开花期的油菜以生殖生长为主，可分为初花期、盛花期和终花期。初花期后花序迅速伸长，主花序上的花蕾从下而上陆续开放。随后植株分枝的花蕾也相继绽开，油菜进入盛花期。在这个时期，早开花的雌蕊已完成受精过程，开始发育角果，植株的株高和叶面积达最大值（图4.4）。

油菜在12～25℃均能正常开花，最适宜的温度为14～18℃。气温在30℃以上时虽然能开花，但结实不良；10℃以下时开花数量显著减少，5℃以下开花极少。如果气温降至0℃或0℃以下，花蕾会大量脱落，植株随后会出现分段结实现象。开花期适宜的空气相对湿度为70%～80%。花开一周以后，花瓣开始脱落；当绝大多数花朵的花瓣谢落时，油菜便进入了终花期。油菜的花期（从初花到终花）一般在一个月左右，其中盛花期是观赏油菜的最佳时期，有心赏花者可不能错过啰！

油菜花瓣开放后，每朵花均展露出6个雄蕊和1个雌蕊。雄蕊环绕着雌蕊，顶部开裂的花药暴露出无数的花粉。花粉无脚，不能自行散落到雌蕊上。而雌蕊则必须接受雄蕊产生的花粉（不管是自己花朵里的或者是其他油菜花朵里的花粉）才能完成受精过程，在其怀抱中的胚珠里

A. 初花期

B. 盛花期

图4.4 开花期油菜（赵坚义 提供）

孕育种子。这就需要传播花粉的媒介。昆虫和风都是油菜的传粉媒介，是它们帮助油菜花完成授粉过程，而蜜蜂则是最好的传粉者。蜜蜂在采集油菜花蜜和花粉的过程中，其沾满油菜花粉的腿部要附着在雌蕊的柱头上，由此而帮助雌蕊完成授粉过程。花期在油菜地附近放养蜜蜂，不仅可以帮助油菜花的传粉受精、提高油菜的结实率、促进油菜的丰收，还可收获可观的蜂蜜和蜂花粉。

在南方油菜主产区，油菜生长的后期常常有较多的雨水，空气湿度较大，容易发生菌核病危害。菌核病发生的主要方式，是田间土壤的的病菌孢子在油菜植株间随风飘荡，遇到洒落在叶片或茎秆上的花瓣后，便以其为培养基进行萌发，长出菌丝后直接侵入油菜植株体。在油菜盛花期可因地制宜喷施低毒高效农药（如多菌灵），以防治菌核病的发生。

（四）角果发育与成熟期

油菜的果实由雌蕊发育而来，呈牛角状，故称角果。雌蕊由柱头、花柱和子房组成。子房就是孕育种子的房屋，这个房间被纵向的隔膜分隔成两个心室，每个心室中着生着十多个胚珠，每个胚珠内含一个卵细胞。花粉传播到柱头上后，不到一个小时就萌发，长出花粉管伸入柱头。然后沿花柱向下进入子房、穿入胚珠。花粉管在胚珠中放出精子后，精子进入卵细胞，与卵细胞核融合，完成受精过程。受精卵分化发育形成胚胎，而胚珠则发育为种子。随着种子的发育，雌蕊也快速生长发育，最终发育为角果。雌蕊前端的花柱伸长呈鸟喙（喙即鸟嘴）状，故称为果喙，长在角果的顶部；花柱下端的子房发育为角果的主体。

从卵细胞受精后到种子形成这阶段，角果从内到外、从果皮到幼胚均含有丰富的叶绿素，颜色始终呈绿色，这表明角果也是进行光合作用的器官。开花受精后，油菜花瓣脱落，没有花瓣遮蔽的角果便可充分地接收阳光进行光合作用。角果的长度比宽度增长快；随着角果的逐步发育和叶片的逐渐衰老脱落，绿色的角果取代了叶片，成为油菜植株主要的光合器官。

种子形成后，种子表面的绿色逐渐褪去，慢慢由黄转红、由红至褐。而黄籽品种的种子外观则会在褪去绿色后保持着黄色。种子内的干物质和油分逐渐累积，含糖量相对减少，淀粉含量下降，成熟时几乎已无淀粉存在，主要成分为油脂和蛋白质。角果色泽也由绿转黄，失去光合作用能力；干重逐步增加，含水量降低，称为黄熟（图4.5）。从终花到种子和角果成熟，一般需30天左右。

图4.5　角果成熟期油菜（赵坚义 提供）

　　如果我们购回的油菜品种是适应本地环境条件的，播种出苗顺利，油菜生长发育的各个时期又得到了精心的管理，种出了称心的油菜，那么现在就会面对硕果累累的油菜地，谋划如何收获辛劳的成果了。

四、适时采收和加工

　　同一植株上的油菜花开有先有后，角果的成熟也有早有晚。虽然最早开花的花朵和最晚开花的花朵在时间上可以相差一个月，但因晚开花的角果发育快，一株植株上角果的最终成熟期仅相差三、五天。当植株上大多数角果成熟后（图4.6），就要适时收获。如果角果过于黄熟，角果皮失水太多，收获时稍受震动则果皮开裂，致使种子撒落在田地里而减产。但如果角果成熟度不够，种子含水量高，收回的种子脱粒干燥后不仅不饱满，含油率和蛋白质含量都会降低，既减产又影响品质。

图4.6　成熟期油菜 （赵坚义 提供）

　　油菜可以人工收获，也可以机械收获。人工收获油菜的时机，是在角果皮呈现黄色时进行。用镰刀将油菜植株割倒，铺在油菜茬上。晾晒三、五天后，再进行脱粒。机械收获有两段收获和一次收获。两段收获是在油菜八成熟时采用割晒机，割倒铺晒三、五天后，再用联合脱粒机脱粒；一次收获是在油菜充分成熟后，采用联合收割机一次割倒和脱粒（图4.7）。种子脱粒后，还需晒几天太阳，或用干燥机干燥，使种子

图4.7　油菜的机械收获 （赵坚义 提供）

充分干燥（水分降到7%～9%），才能入库贮藏。贮藏期间要有使种子保持干燥的环境，否则容易发霉变质。

　　油菜籽不宜长期贮存，最好在收获后的1～3个月内进行加工。大批量的油菜籽需由油料加工商送到油脂生产厂，或送到乡镇的中小型榨房榨油。有些全自动小型榨油机自带烘炒精炼功能，操作方便、出油率高、油品上乘，农户、农庄或家庭也可购回自行榨油，供家庭食用。亲手种出油菜、开出黄花、收回种子，再品尝香喷喷的菜油，不亦乐乎？

第五章

未 来 的 油 菜

油菜是重要的油料作物。近五年内（2013—2017年）全世界油菜种植面积在4.5亿亩以上，年产菜籽7 000万吨左右，为仅次于油棕和大豆的世界超级油料作物。预计在不远的将来，世界油菜的种植面积可达到6.0亿亩。而在中国，油菜种植面积约1亿亩，年产菜籽1 400万吨左右，菜油560万吨，是第一大油料作物。油菜不仅是重要的油料作物，也是重要的经济作物。除了收获油菜籽卖出榨油外，菜籽饼还用作饲料，植株的枝叶残根可肥田，开出的油菜花不仅可吸引游客观光，还引来蜜蜂酿蜜，获得更多的收益。面向未来人类需求的多样化和科学技术的迅猛发展，油菜的经济价值将会得到进一步的增强。

随着人类社会的快速发展和工业化的高速推进，全球生态环境问题日益严重。温室气体长期超量排放，土地过度开发、退化增速，气候变暖、冰川积雪加速融化，沙尘雾霾滚滚而来，大旱水患交替频发……人类只有一个地球，人类在地球上种植农作物，再也不能仅仅为自身的温饱而破坏生态环境了。农作物也应成为生态环境保护与生态环境建设的重要方面军。"保护生态环境是利在当代、功在千秋"的事业，油菜产业的发展，也必然与这一宏大的事业密切关联。从应对生态环境问题来看，油菜不仅仅是一种经济作物，同时也将是一种重要的生态作物，在保护和建设生态环境中将发挥重要的作用。

人们出于对健康的关切，不仅仅要求一个良好的生态环境，还要求农学家们能够与时俱进地提供越来越有益于健康的食品。油菜的主产品是菜油，虽然现有的双低菜油因其低饱和脂肪酸的特性而雄踞健康食用油之首，但其脂肪酸组成仍可以有较大的改良空间，以满足人们对健康食品越来越高的要求。油菜所在的芸薹属，还含有一类特殊的化学物质——硫代葡萄糖苷（简称硫苷），其中一些种类的硫苷具有重要的保健价值。这些硫苷一旦能够在油菜植株体里大量制造出来，人们将对油菜刮目相看。让我们放眼油菜的未来！

一、油菜将是更完美的经济作物

（一）推广杂交油菜提高产量

作为一种农作物，高产始终是农民追求的目标。目前，我国油菜籽的单位面积产量约为140公斤/亩，其中能显著提高产量的杂交油菜品种（我国油菜品种的70%为杂交品种）的推广应用起到了重要作用。加拿大的杂交油菜已占总油菜面积的90%以上，十年后我国杂交油菜的种植面积应可扩大到75%以上，致使每亩单产平均每年递增1%。目前新的杂交油菜品种较上一年的推广品种增产2%～3%；应用基因组学技术开发强优势杂交油菜组合的研发正在紧锣密鼓地进行，每一轮新品种较上一年的增产幅度将来可达到3%左右，加上抗旱、抗寒、抗落粒、抗病虫品种的推广又会大大减少产量的损失。综合以上诸因素，预计我国油菜的产量将会以每年平均7%的速率递增。如此算来，十年后亩产将达到180公斤/亩左右，比现在的油菜产量高出30%。

当油菜的目标产品不是收菜籽榨油而是摘取菜薹作蔬菜时，还将出现一种新的油菜薹类型：种间杂种油菜薹。由于这种油菜薹利用了种间杂种所产生的强大的杂种优势，亩产上千公斤的美味菜薹将不是神话。

（二）改善光合作用固定更多的碳水化合物

地球上的绿色植物，时时刻刻都在它们细胞的叶绿体里进行着光合作用。光合作用的本质，是叶绿素利用太阳光能，将水分子分解为氧气和氢气，氢气再与大气中的CO_2结合成为碳水化合物，太阳的光能也就转化成生物的化学能而贮藏在碳水化合物中，氧气则释放到大气中。碳水化合物即人们常说的有机物，光合作用的最初产物是简单的有机物——葡萄糖，葡萄糖在植物体内再被合成较为复杂的碳水化合物：蔗糖、淀粉、纤维素、木质素、油脂等，以及核酸、蛋白质等有机物（图5.1）。

图5.1 油菜的光合作用

注：油菜的绿色器官，如叶片、茎秆和角果，含有叶绿素，能在阳光的照耀下进行光合作用。光合作用的本质，是将水和二氧化碳转化为碳水化合物，并将太阳能转化为化学能贮存在碳水化合物中，同时放出氧气。

植物固定CO_2的途径有不同，可分为C3、C4两种途径，而后者的光合作用能力更强，可以在单位时间内合成更多的葡萄糖和各种多糖。油菜与大多数农作物一样，是通过C3途径进行光合作用。已知芸薹目（Brassicale，早前的分类命名为白花菜目）白花菜科（Cleomaceae）的*Gynandropsis gynandra*（也称*Cleome gynandra*，中译名白花菜）中有C4类型（Aubry et al., 2016）。白花菜科是芸薹目中与芸薹科亲缘关系最近的一个科，将白花菜中的C4特性引入到油菜中的难度不是太大。一旦这种引入获得成功，油菜品种的光合作用能力将会得到十分显著的提升，大大提高油菜的产量。

（三）轻轻松松种油菜

全国、全世界的油菜科学工作者都在大力研发新技术、新品种，使得种油菜越来越简单、越来越轻松、越来越经济。国际范围内早已表明了抗除草剂油菜品种的优越性，这类品种以及广谱除草剂势必将在我国大面积应用推广。油菜地将呈只长菜苗不生杂草的景象，"锄禾日当午，汗滴禾下土"的情景将成为历史。各种植物营养高效品种和抗病虫害品种的推出，将显著减少农田化肥农药的施用量，大大降低种田成本。抗落粒品种已经在澳大利亚种植推广，引种到中国只是时日的问题，届时将会极大地促进油菜收获的机械化进程，而把农民的镰刀扁担送到北京农业展览馆去收藏。

（四）生物柴油异军突起

油菜籽单位面积产量的大幅提升、种植成本的显著下降、生产效率的提高，以及其他社会因素的刺激，将使油菜的种植面积进一步扩大，油菜籽的总产量将迅速提升。据估计，世界的油菜总产量将以每年500万吨的速率递增。食用菜油一旦出现严重的供过于求局面，大比例的菜油必将转化为环境友好的生物柴油。油菜作为我国的第一大油料作物，一旦大量的菜油用作生物柴油，其经济价值和社会价值将会得到进一步提升，作为经济作物的油菜将迎来更加辉煌的明天。

二、油菜将是重要的饲料作物

（一）饲料油菜将为畜牧业发展提供重要保障

随着人民对肉食需求的提高和畜牧业的发展，畜禽饲料的供给日趋紧张。如在2015年，我国进口苜蓿草120万吨，燕麦草20万吨。发展饲料油菜，势在必行。2017年，农业部将饲料油菜生产列为我国的主推技术。我国北方有大量的秋闲地，南方的冬闲田也相当可观。在不远的将来将饲料油菜发展到1 000万亩，是完全可能的。而1 000万亩油菜可产青饲3 000万吨，可供喂养3 000万头羊羔的需求。这对于我国畜牧业的健康发展，将是一个重要的保障。

（二）饲料油菜将为盐碱地的修复利用大显身手

我国的盐碱地面积有十多亿亩，主要分布在东北、西北、华北内陆和沿海区。盐碱地土地租金低、面积大、人少地多，发展牧草养畜前景广阔。更重要的是，在盐碱地种植饲料油菜，可以利用油菜生长快的特点，使绿叶迅速覆盖地表，从而减少盐碱地的水分蒸发、抑制盐分上移，使土壤得到修复。利用饲料油菜修复盐碱地，对保证国家食物安全和开展生态文明建设至关重要。在盐碱地上种植饲料油菜，有着广阔的前景！

三、油菜将是重要的生态作物

（一）生态环境问题

生态环境恶化的原因，既有地球自然因素（如气候变迁中的自然进程），也有人为因素。在人为因素中，主要是工业革命以来人类一系列大规模活动引起的。化石燃料燃烧和毁林、土地利用变化、长期超量排放温室气体，均导致大气温室气体浓度大幅增加，温室效应增强，从而加速全球气候变暖。

气候变化对中国的影响主要集中在农业、水资源、自然生态系统和海岸带等方面，导致农业生产不稳定性增加、南方地区洪涝灾害加重、北方地区水资源供需矛盾加剧、森林和草原等生态系统退化、雾霾和沙尘暴等灾害性天气增多、生物灾害频发、生物多样性锐减、台风和风暴潮频发、沿海地带灾害加剧。有关重大工程建设和运营安全也受到影响。

日益恶化的生态环境问题（图5.2），已得到包括中国政府在内的世界各国的高度关注。自1992年公布了《联合国气候变化框架公约》、1997年签订《京都议定书》后，2016年4月178个缔约方在纽约签署了《巴黎气候变化协定》，2016年9月3日中国全国人大常委会批准中国加入《巴黎气候变

图5.2　生态环境恶化图

化协定》，应对生态环境问题已经成为全世界人民的共识。我国政府还于2006、2011和2015年连续三次发布《气候变化国家评估报告》。保护生态环境是"利在当代、功在千秋"的事业，油菜产业的发展，也必然与这一宏大的事业密切关联。

（二）未来的油菜将是无公害的绿色作物

首先，育种家培育出的油菜，将会散发出一些特殊气味驱散油菜的特定害虫，也会有一些品种对一些特定病虫害具有特定抗性，因而不用喷施农药。其次，农学家将研发出各种有效的栽培措施，使得种有油菜的田地里的生态环境适宜油菜的生长而不利于病虫害的生存，从而大大降低施用农药防治病虫害的必要性。最后，农民在油菜地喷施的农药，将是植物保护专家研发出的新农药，它们是一类对环境友好没有公害、只灭杀病虫害而对人畜无害的生物化学农药。

（三）未来的油菜将是应对气候变暖和温室效应的亲和作物

人类活动排放的温室气体主要成分是二氧化碳（CO_2），这是气候变暖的元凶。油菜的青枝绿叶、幼嫩角果都是光合器官，含有叶绿体和各种光合作用酶。在阳光的照射下，油菜植株不断地将二氧化碳转化为碳水化合物和氧气（O_2）。一亩油菜在一生中大约可将1.5吨二氧化碳和水转化为碳水化合物而固定下来，全国一亿亩油菜则可固定大气中的1.5亿吨二氧化碳，这对延缓气候变暖的进程有重要的贡献。

（四）未来的油菜将是改善空气质量的燃油作物

油菜在固定二氧化碳的同时制造出氧气。1亩油菜制造出的新鲜氧气可达1吨，全国的油菜地在一年内可产出1亿吨氧气。二氧化碳浓度降低了，氧气浓度提高了，使祖国的空气质量得到改善。汽车燃烧石化汽油和柴油后排放出的大量含硫尾气也是空气污染、雾霾满天的主要原因之一。用淀粉、纤维等植物原料制成的生物燃料乙醇，以及用植物油加工制成的生物柴油不含硫或含硫量低，是较为洁净的可再生能源。我国已计划到2020年时使用1 000万吨的生物燃料乙醇。油菜的秸秆和菜油分别是制造生物燃料乙醇和生物柴油的优良原料，也势将在改善祖国空气质量方面大显身手。

（五）未来的油菜将是改善土壤生态的重要绿肥作物

　　土壤生态是整个生态系统中的重要组成。土壤有机质含量是农田土壤生态的重要指标，而种植绿肥作物则是提高土壤有机质含量、增强土壤活力的重要举措。油菜虽不能像豆科绿肥那样固氮，但油菜绿肥产量每亩可高达1吨，高于红花草1倍以上；油菜根系分泌有机酸能使土壤中难溶的磷分解为易于吸收状态的有机磷。据研究，种一季油菜绿肥，土壤有机质含量可提高0.12%。我国农田耕作层的有机质含量大约为2%，如果能连年种植油菜绿肥，十多年以后，土壤表土有机质含量可达到4%，接近欧美国家耕作层有机质水平。农业部已提出提升土壤有机质的行动，广西等省份已将利用大面积的冬闲田在秋季翻耕整地种油菜作绿肥，春天将油菜幼嫩枝叶翻压入土壤中。我国有数千万亩冬闲田和秋闲地（西北、东北地区麦收户到严冬来临之前有2～3个月的秋闲时间）。傅廷栋院士建议将我国冬、秋休闲地全覆盖种油菜作绿肥，油菜势将成为改善我国土壤生态的重要绿肥作物。

（六）未来的油菜将是保护生态环境的长青作物

　　传统的油菜，不管是秋种夏收的冬油菜，还是春种秋收的春油菜，都是一年生作物。每种一季油菜前，都需对土壤进行一次翻耕耙耙，疏松的土壤在长达二、三十天的时间里常常会受到风雨侵蚀；播种出苗后的一个多月里苗小根浅，水土流失的情况也好不了多少。科学家们正在试图将油菜由一年生改变为多年生，这样一次播种后，就不需要年复一年地耕作了。多年生油菜会像长青的灌木一样，年复一年地长叶、抽薹、开花、结籽；种有多年生油菜的地里将总有几十厘米高的茎叶覆盖着土壤表层，总有纵横交错的根系密布在土壤下层。大地，尤其是大江南北的山地和西北高原的黄土地，因种植农作物而造成的荒漠化程度将大大降低，泥石流、沙尘暴等自然灾害频发的现象也将大为减轻。

（七）未来的油菜将是魅力四射的景观作物

　　每当油菜开花季节，金色的花海已经成为了乡村的一道靓丽风景线。假以时日，油菜将成为一种"月季花"在祖国大地开放，南至海南岛，北至黑龙江，人们每季、每月、每周、每天都有可能置身于油菜花海中。白色、红色、紫色、蓝色的油菜花浪将与金色的油菜花海相辉映。绿叶之上蓝天之下，将是五彩缤纷的花海，而美丽的乡村，将宛如一个个矗立在茫茫花海中的仙岛绿洲。

为了满足生态景观的需求，油菜的开花期会大大延长，一个月两个月都将花开不败。而且，未来的多年生油菜品种在许多地方将会一年内花开二度、两次结果，到油菜地旅游观光的季节又多出了一倍。农民也可以有两次收获，游人农人两全其美。魅力四射的油菜花，无疑将极大地推动美丽乡村和共享农庄的建设。

四、油菜产品的多样化可满足人们的不同需求

（一）菜油产品的多样化

从人的健康角度来看，双低菜籽油的脂肪酸成分的比例是各种食用油中最为平衡的。通过现代的育种和基因工程手段，可以创造出各种特殊的菜籽油，满足人的不同需要。比如：高油酸＋低亚麻酸适用于高温煎炸；高不饱和脂肪酸（亚油酸和亚麻酸总量高于50%）可用于一些特殊健康食品。已有科学家将一组藻类脂肪酸合成基因转入油菜，这种油菜可生产出"深海鱼油"，其 EPA＋DHA 的含量可达到总脂肪酸的20%。含 EPA＋DHA 的油菜籽或菜籽油可作鱼饲料或供人食用。这样，人们所需的 EPA 和 DHA，就不需扬帆远航去深海捕捞大马哈鱼，而只需从油菜花海里结出的丰硕果实中轻松获取。

（二）油菜产品将有宝贵的医疗价值

油菜所在的芸薹科里，有一种硫苷，称为4-甲基硫氧丁基硫代葡萄糖苷，这种硫苷降解后可产生一种抗氧化的活性物质，称为萝卜硫素（化学名为1-异硫氰酸-4-甲磺酰基丁烷）。萝卜硫素在西兰花（青花菜）、芥蓝、北方圆红萝卜等芸薹科植物中含量较丰富，是蔬菜中所发现的抗癌效果最好的植物活性物质，也对糖尿病有良好的治疗效果。虽然现在的油菜品种中，4-甲基硫氧丁基硫代葡萄糖苷的含量极微，也几乎不产生萝卜硫素，但将来的油菜品种可以像西兰花一样富含萝卜硫素，人们在就餐时只需在菜肴里撒上一点像芥末一样的菜籽

粉，就可以抑制肿瘤的发生，或大大缓解糖尿病的病症。那是多么美妙的佳肴啊！

在本书的开头，我们曾引述了刘后利老先生给油菜这一农作物下的定义："凡是以收获种子榨油为目的的芸薹属农作物，统称为油菜。"而油菜发展的今天及其未来，油菜已不仅仅是"以收获种子榨油为目的"的农作物了。除了收籽榨油，油菜也可作饲料以喂养牲畜，作绿肥以改良土壤，作佳肴以美食健体，作蜜源以养蜂酿蜜，开出无边的跃金花海美化环境，长出满山的长青枝叶保护生态。未来的油菜将是农人眼中完美的经济作物、人类生存必需的生态作物、大众健康生活的神奇作物。

油菜应当还有更多的功能，静等人们去开发。

五、发展未来油菜的科学技术基础

发展油菜的科学技术有很多，其中最为重要也最为得力的技术，当数基因组技术。日益发展起来的基因组技术，是将发展油菜的梦想变为现实的法宝。我们在本书的第一章已经了解了什么是基因组，现在再看看有哪些厉害的基因组技术可以利用吧！

（一）基因组测序技术

控制生命活动的基础是基因，即由A、T、G、C 4种碱基组成的一长段DNA序列。生物的单倍体细胞（性细胞）中的全部基因总和称为基因组。测定了基因组内所有碱基的组成，也就了解了生物体所有基因的结构组成和在染色体上的具体位置，我们也就可以对欲加以改进的基因"有的放矢"了。在短短的十几年里，基因组测序技术（genome sequencing）由第一代发展到第二代和第三代，测序能力提高了上百倍，现在还在飞速发展之中。应用现代的基因组测序技术，第一个油菜基因组序列已于2014年测序完成，更多油菜品种的基因组序列正在被一一揭示。在由13亿个碱基组成的油菜AC基因组中，人们检测出了10万个基因，这些基因结构如何、位于何处、如何工作？人们已经了如指掌。同时，油菜近缘种的基因组也在纷纷被测序，在油菜中缺乏的、而这些近缘种所特有的控制一些优异性状的基因信息，也将被一一解析，从而为利用这些性状来进一步改良油菜，搭建出重要的信息平台。

（二）基因组编辑技术

基因组编辑（genome editing），或称为基因编辑（gene editing），是近十年发展起来的分子生物学技术，也称为基因敲除/敲入技术，是指对DNA核苷酸序列进行定点删除和插入的操作技术。在基因组序列已知的前提条件下，仰赖基因组编辑技术已经可以任意修改油菜基因组中的某一个或若干个基因，从而使油菜产生出科学家预想的变异类型。世界上第一个基因组编辑作物，已经在油菜中产生了。这个油菜品种的名字叫Cibus，是采用基因组编辑技术培育的一种抗除草剂油菜，已于2015年春季在美国成功种植。预计在未来的十年内，市场上将会出现许多采用基因编辑技术培育油菜新品种，如具有抗裂荚特性的品种、抗害虫的品种、抗病害的品种等。基因编辑技术必将在培育油菜优良品种的工作中大显身手。

（三）基因组选择技术

如果说基因组编辑是对个别品种或个别植株基因组上的少数基因进行优化，基因组选择（genomic selection）则是在成百上千的品种或株系中挑出基因组（每一个基因组上都有数以万计的基因）最为优秀的个体。这两种技术的基础，都是仰赖对基因组信息的掌控，不过前者需借助分子生物学技术，后者需借助数学中的统计学知识，对获得的基因型和表型大数据进行计算处理。近年来，我国学者与德国科学家合作，在一个包含200个株系的油菜训练群体中，用若干个数学模型对油菜的开花期和种子产量进行了模拟计算。结果预测的准确率分别达到98%和80%，展示了基因组选择的巨大潜力。当基因组选择全面应用在油菜杂交育种中对杂交后代进行提前选择，在杂种优势育种中准确地预测优势组合时，油菜育种的效率将会成倍地提高。

（四）人工染色体技术

人工染色体（artificial chromosomes）技术是指根据生物已知的基因组DNA序列，采用化学合成的方法，用A、T、G、C 4种碱基合成真核生物的染色体。酵母是酿啤酒做面包蒸馒头用的单细胞真菌，细胞中所含的2 600个基因分布在16条染色体上。应用人工染色体技术，在2017年，科学家们成功地从头设计与合成了酵母的5条染色体。预计在2019年，将全部合成16条酵母染色体，从而在世界上创造出一个活酵母来。在植物中，拟南芥人工染色体研究的国际合作组织正在加紧工作，希望在2020年创造出第一个人造多细胞植物拟南芥。拟南芥是油菜的远房亲戚，当拟南芥都可以应用人工染色体技术创造出来时，人工合成油菜也就指日可待了。人们在合成油菜的人工染色体时，可以在染色体上添加任何人们所需要的基因，从而获得人们梦想的各种新性状。用美不胜收、妙不可言这几个字来形容未来的油菜，是一点也不过分的。

主要参考文献

傅廷栋，沈金雄，易斌，等. 2019. 杂交油菜的遗传与育种 [M]. 武汉：湖北科学技术出版社.

胡宝成. 2019. 不是闲花野草流——油菜在休闲农业和乡村旅游中的作用 [M]. 合肥：安徽美术出版社.

刘后利. 1985. 油菜的遗传和育种 [M]. 上海：上海科学技术出版社.

刘后利，孟金陵. 1992. 油菜丰产栽培技术 [M]. 成都：四川科学技术出版社.

刘后利. 2000. 油菜遗传育种学 [M]. 北京：中国农业大学出版社.

单之蔷. 2009. 大地团体操——油菜花 [J]. 中国国家地理(6): 18-21.

孙万仓，刘自刚，周冬梅，等. 2016. 北方冬油菜北移与区划 [M]. 北京：科学出版社.